城乡建设科普丛书

城市节水

刘　红　何建平　等编著

中国建筑工业出版社

图书在版编目（CIP）数据

城市节水/刘红、何建平等编著．—北京：中国建筑工业出版社，2009
（城乡建设科普丛书）
ISBN 978-7-112-10732-2

Ⅰ．城… Ⅱ．①刘…②何… Ⅲ．城市用水-节约用水-普及读物 Ⅳ．TU991.64-49

中国版本图书馆 CIP 数据核字（2009）第 019755 号

责任编辑：朱象清　李东禧　张幼平
责任设计：赵明霞
责任校对：安　东　关　健

城乡建设科普丛书
城 市 节 水
刘　红　何建平　等编著
＊
中国建筑工业出版社出版、发行（北京西郊百万庄）
各地新华书店、建筑书店经销
北京嘉泰利德公司制版
世界知识印刷厂印刷
＊
开本：787×1092 毫米　1/16　印张：12¼　字数：300 千字
2009 年 10 月第一版　2009 年 10 月第一次印刷
定价：**30.00** 元
ISBN 978-7-112-10732-2
（17665）

《城乡建设科普丛书》编委会

《城市节水》分册

编委会主任 刘　红

编委会成员 何建平　孙　艳　汪慧贞
李俊奇　冯翠敏　刘金泰
王永格　王延武　孟光辉
宋　磊　陈　征　汪宏玲

序

经过几十年来，尤其是改革开放30年来的不懈努力，当前中国的建设事业已经步入了一个前所未有的新发展阶段。新技术，包括信息技术、新材料、新能源技术等纷纷涌现，新结构、新工艺以及计算机和信息化等逐渐推广应用，建设节约型社会、实现资源的永续利用已经成为了人们的共识。

在我国建设事业高速发展的过程中，资源问题将是我们面临的重大挑战，可持续发展之路是我们唯一可能的选择，必须强调自然、社会与人的和谐发展模式。建筑行业是我国当前建设领域的重点之一。建筑作为人工环境，是满足人类物质和精神生活需要的重要组成部分，然而，人类对感官享受的过度追求以及不加节制的开发与建设，可能会使现代建筑疏离人与自然的天然联系和交流，并给环境和资源带来沉重的负担。我国每年大约20亿平方米的建筑总量，接近全球年建筑总量的一半，另外还有400亿平方米存量建筑。但是，我国单位建筑面积能耗是发达国家的二至三倍，对社会造成了沉重的能源负担和严重的环境污染，同时还存在土地资源利用率低、水污染严重、建筑耗材高等问题。如何解决资源利用问题，不仅关系到能否缓解我国能源供求的紧张状况，而且还关系到全球的气候变化与可持续发展。

正是在这样一种背景之下，节能建筑、绿色建筑、绿色建材、城市节水、可再生能源等新兴概念纷纷闯入人们的视野，并激发了整个社会的热情。发展节能与绿色建筑可以解决建设行业高投入、高消耗、高污染、低效益的问题，实现建设事业的可持续发展；推动科技创新，以智能建筑和数字城市的建设为龙头，加强建设领域信息化建设，将极大提高资源的利用效率；从科技规划、资源的循环再利用技术的开发等方面出发，可以实现可持续建筑与垃圾、污水处理的综合利用；合理的村镇规划建设，也将达成人和建筑、人和自然的最终和谐。

如何将这些先进的建设领域技术和理念浅显易懂地表现出来，揭开蒙在建设科技成果之上的神秘面纱，让人们在日常经验中体验到这些先进技术和先进理念所带来的巨大变化，澄清一些可能存在的认识误区，就成为摆在我们面前的另外一项重要的工作。

2006年3月，国务院根据党的十六大精神，依照《中华人民共和国科学技术普及法》和《国家中长期科学和技术发展规划纲要（2006—2020年）》，制定并颁布了《全民科学素质行动计划纲要（2006—2010—2020年）》，提出了科普工作的"政府推动，全民参与"原则。结合当前建设领域工作的重点、热点，中国建筑工业出版社提出了出版《城乡建设科普丛书》的构想。

《城乡建设科普丛书》首先寻求的是专业领域的敞开，实现与非专业人员的沟通。丛书目前包括《节能建筑》、《绿色建筑》、《智能建筑》、《绿色建材》、《数字城市》、《城市节水》、《防灾减灾与应急技术》、《城镇建设》以及《可再生能源在建筑中的应用》等9册。这些分册的内容都紧扣科普主题，以介绍科技知识为主，结合与日常应用相关的先进实用技术，以深入浅出的文字和图文并茂的形式，全面解析了当前建设领域工作的重点和热点，力求让普通知识阶层增加对建设领域工作的了解。

《城乡建设科普丛书》还要寻求跨领域的成果和科技交流。中国的建设事业是一个涉及国计民生的整体问题，需要社会每一个人的参与，共同建设，共同享有。全面展现建设领域的热点难点，将有利于相关行业的互动参与。

归根到底，《城乡建设科普丛书》的目的就是要通过成果展示的方式，培养公众的科技创新意识。专业创新型人才的培养，最终将推动中国建设事业的全面发展，实现和谐社会的建设目标。

值得一提的是，在本套丛书即将出版之前，2008年5月12日，四川省发生了8.0级大地震，造成了巨大的人员伤亡和经济损失。为了支持震区的灾后重建工作，为了减少今后类似灾害造成的巨大损害，我们尽快出版此套丛书，尤其是抢先出版《防灾减灾与应急技术》分册，以实际工作支持灾区人民！

住房和城乡建设部　仇保兴

前　言

我国水资源总量为 28412 亿 m^3，在世界上居第 6 位。但我国又属于贫水国家，因为人口众多，人均水资源占有量很低，仅在 2300m^3 上下，约为世界平均水平的 30%。水资源短缺已成为社会经济可持续发展的重要制约因素。

目前我国年缺水量约 300 亿～400 亿立方米，倘遇大旱年份，缺额更多。随着人口的增长和经济发展的需求，中国水资源承载力受到极大的挑战。到 2030 年，中国的人口将达到 16 亿，那时中国的人均水资源占有量将从现在的 2200 立方米跌至 1000 多立方米，已接近了世界公认的贫水国家极限水平。如何确保水资源永续利用，以支持经济社会可持续发展，是中国人面临的一个严峻课题。

在城市中，缺水问题表现尤为明显。随着经济的不断发展和城市规模的不断扩大，水资源匮乏的问题日益突出。城市缺水已成为世界性难题。资源型、工程型、水质型、管理型这四种类型是城市缺水的主要类型。我国城市主要表现为资源型和水质型，尤其是西北、华北和东北地区。

20 世纪 80 年代以后，我国在城市节水方面开展了大量针对性的工作，取得了显著成绩。在节水器具制造和使用、雨水和再生水等非常规水资源利用、城市绿地节水技术以及工业节水方面积累了大量的成功经验。

本书采用较为通俗的语言，系统讲述了城市节水的有关内容以及我国城市节水的现状，从用水器具、雨水利用、再生水利用、城市绿地节水技术、工业节水等方面分别讲述了城市节水的核心内容并简要介绍了在我国城市中普遍应用的节水技术。希望读者可以从中了解关于城市节水的基本信息并能对实际生产、生活有一定指导作用。

全书各章的编写和执笔人员均为多年从事城市节水关键技术研究和应用的专家，对于城市节水有着独到的见解。各章作者分别是：第一章、第三章为李俊奇，第二章为刘金泰，第四章为冯萃敏，第五章为王永格，第六章为汪慧贞。

由于编者水平有限，书中难免会有一些疏漏及不当之处，敬请读者提出宝贵意见。

目　录

第1章　水资源及其利用

第2章　节约生活用水

第3章　城市雨水利用

第4章 再生水利用

第5章　城市绿化节水

第6章　工业节水

第1章 水资源及其利用

据宇宙飞船从太空拍摄的地球照片和宇航员在宇宙空间亲眼所见，地球是一个蓝色的美丽星球。那么，为什么地球是一个蔚蓝色的星球呢?原来，从地球上的海洋与陆地的大小来看，地球表面积为5.1亿平方公里，而海洋占了71%，相当于陆地面积的2.5倍。地球上海洋的平均深度将近4000米，蓄积水量达133.8亿立方米，占地球水圈总水量的96.5%。因为海洋广阔而连续，水色偏蓝，因此在太空看地球就是蓝色的。

看来，地球上并不缺少水。如果将这些水平均分布于地球表面，相当于在地球整个表面覆盖一层平均深度为2650米的水。所以有人说地球的名字起错了，应该叫做“水球”。但是，十分可惜，这些水98%是咸水，而且主要分布在海洋中，淡水只占地球水总量的2%，约3×10^{11}立方米，而这2%的淡水也不能全为人类所应用，因为它的88%被冻在两极的冰帽和冰川里，虽然科学家们正在研究冰川的利用方法，但在目前技术条件下还无法大规模利用。除此之外，地下水的淡水储量也很大，但绝大部分是深层地下水，开采利用得也很少。

人类目前比较容易利用的淡水资源，主要是河流水、湖泊淡水以及浅层地下水，其中可供直接饮用的更是只有0.5%。打个形象的比方，地球上可供人类利用的水资源大约相当于一个大可乐瓶中的一滴水。这真是大自然赐给人类的一大不幸。从这个意义上说，节约用水、科学用水，保护水体免遭污染的重要性和必要性不言而喻。

图1-1 地球的名称可以改为“水球”了

1.1 水资源危机

作为可再生性资源，地球上的水总是处在变化之中，海洋和陆地上的水蒸发到大气中，再形成雨或雪落回大地，滋养万物，补充河流、湖泊或注入大海。水还会渗入地下，汇入地下蓄水层。从这个角度来讲，水资源是取之不尽、用之不竭的。当然，极深的地下水不能补充，也无法开采，因而不具有再生性，被称为原生水。

1.1.1 世界性的水危机

水资源的流动性在保障了地球上永远有着源源不断的更新水资源的同时，

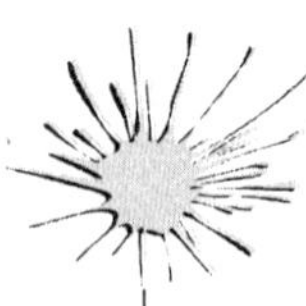

知识阅读：缺水国家

国际上评判缺水国家的标准是依据瑞典水文学家马林、法尔肯马克所下的定义：如果一个国家所拥有的可更新的淡水供应量在每人每年1700立方米以下，那么这个国家就会定期或经常处于少水的状况；如果每人每年水供应量在1000立方米以下，那就会感到水紧缺。

目前平均年每人供应水1000立方米以下的国家有15个。在这些国家中马耳他年人均水供应量只有82立方米，其缺水情况位居缺水国家之首。除马耳他外，最缺水的国家还有卡塔尔（年人均占有91立方米）、科威特（95立方米）、利比亚（111立方米）、巴林（162立方米）、新加坡（180立方米）、巴巴多斯（192立方米）、沙特阿拉伯（249立方米）、约旦（318立方米）、也门（346立方米）、阿尔及利亚（527立方米）、布隆迪（594立方米）、佛得角（777立方米）、阿曼（874立方米）、阿联酋（902立方米）、埃及（936立方米）。预计到21世纪中期，这些国家的水将比石油还贵，如马耳他年人均将为68立方米。

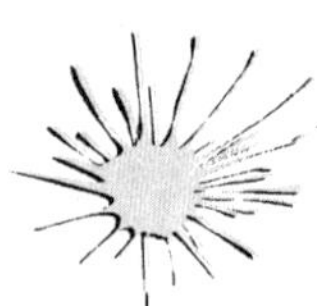

《世界水资源开发报告》

联合国《世界水资源开发报告》由24个联合国机构同各国政府以及其他机构和组织通力合作完成，每3年发表一次，最新报告发布于2006年3月。报告指出，尽管全球淡水资源总量是够的，但全球仍有11亿人缺水，26亿人无法保证用水卫生，其中一半以上集中在落后国家。《世界水资源开发报告》指出，全球用水量在20世纪增加了6倍，增长速度是人口增速的两倍，而“我们能否满足持续增长的全球用水需求，将取决于人们对现有资源的有效管理”。

报告还提出了9个值得重视的问题：

一、水资源的管理、制度建设、基础设施建设不足导致全球约有1/5的人无法获得安全的饮用水。

二、水质差导致生活贫困和卫生状况不佳。2002年，全球约有310万人死于腹泻和疟疾。每年约160万人的生命原本都可通过提供安全的饮用水和卫生设施挽救。

三、大部分地区的水质正在下降。有证据表明，淡水物种和生态系统的多样性正在迅速衰退，其退化速度往往快于陆地和海洋生态系统。

四、90%的自然灾害与水有关，日益严重的东非旱灾就是一个沉痛的实例。当地人大量砍伐森林用来生产木炭和燃料，使得水土流失，湖泊消失。

五、农业用水供需矛盾更加紧张。到2030年，全球粮食需求将提高55%，将需要更多的灌溉用水，而这部分用水已经占到全球人类淡水消耗的近70%。

六、城市用水紧张。到2030年，城镇人口比例会增加近2/3，从而造成城市用水需求激增。

七、水资源开发不足。发展中国家有20多亿人得不到可靠的水源。

八、水资源浪费严重。许多地方因管道和沟渠泄漏及非法连接，多达30%~40%甚至更多的水被白白浪费掉。

九、治理资金没利用好，只有12%的资金用在了最需要帮助的人身上。

也造成了陆地的水涝或干旱，形成了水资源分布不均衡。世界上每年约有65%的水资源集中在 10 个国家里，而人口共占世界总人口 40%的 80 个国家却严重缺水，另外有 26 个国家（共有 2.3 亿人口）的水资源也很少。再加上全球性的水污染、水资源的过度消耗和管理不当，可利用水资源水量和水质的大幅下降已经成为了全球面临的严峻形势。淡水资源的缺乏不是个别国家所独有的问题，而是全球发展中面临的问题。1972 年联合国人类环境会议、1977 年联合国水事会议发出警告：人类在石油危机之后，下一个危机就是水危机。世界银行 1995 年的调查报告指出：占世界人口 40%的 80 个国家正面临着水危机，发展中国家约有 10 亿人喝不到清洁的水，17 亿人没有良好的卫生设施，每年约有 2500 万人死于饮用不清洁的水。如果这种趋势不能得到有效控制，二三十年后，世界人口的 2/3 将面临无水可用的危境。因此，保护和更有效合理利用水资源，是世界各国政府面临的一项紧迫任务。

1.1.2　中国会出现水危机吗?

经济、文化、科技等各方面飞速发展的中国会出现水危机吗？答案是肯定的！

一个不容回避的现象是，中国的很多城市都在闹“水荒”！今天，北方的持续旱情正使水危机从预言变成报刊的头条新闻，而南方很多城市和乡村则陷入守着河湖没水喝的境地，水污染对公共健康的巨大危害开始显现。人们渐渐意识到，水资源短缺将成为 21 世纪中国发展的最大制约因素之一。大自然已经在一次又一次地向我们发出预警：中国正面临着并将在很长一段时间内仍然面临着水危机！

1. 水资源缺乏

在当今经济技术条件下，可供人类开发利用的水资源并不多。绝大部分水资源，如海水、冰川等，受当今经济技术条件的限制，尚未被开发利用，而目前能够为人类开采利用的河流径流和地下淡水一般只能达到 40%，可用水量十分有限。我国的淡水资源总量不算少，但人均淡水拥有量只有世界平均水平的 1/4，在联合国 2006 年发布的《世界水资源开发报告》中，中国的人均水资源排在了第 128 位。实际上，缺水矛盾自 20 世纪 70 年代起在中国多个地区蔓延发展，继 1999 年和 2000 年发生严重旱灾后，2001 年再次发生特大干旱，旱情波及全国 23 个省区。此时人们才猛然意识到，缺水已经上升为中国水资源的首要矛盾。目前在全国城市缺水严重，日缺水 1600 万吨，每年因缺水造成的直接经济损失达 2300 亿元。1990 年起，缺水每年造成农业减产 1000 万吨到 5000 万吨，至今尚有 2300 万农村人口饮水困难。

黄河是中华民族的母亲河，其“奔流到海不复回”的壮丽形象早已成为民族进取精神的象征，可能再没有什么比黄河断流更能深刻地反映中国水资源短缺的严峻局面了。1972 年黄河首次断流，到 1997 年黄河断流期长达 226 天，近 700 公里河床干涸，给黄河下游两岸人民的生产和生活造成严重困难。

图1-2 干旱导致土地干裂

如今保证黄河不断流已成为政治任务，为此黄河常年维持小流量状态。还有我们数亿人赖以生活的长江，其流域内旱灾的发生也有加重的趋势。干流水量虽还未有明显变化，但许多支流径流量不断减少，20世纪50年代以来，长江上游的二十多条河流平均萎缩了37.1%。

2. 时间、地区分布不均

水利界普遍认为：中国水问题的根本原因在于有限的水资源时空分布极其不均。从时间上看，降水高度集中于夏秋，而年际变化也很明显，特别是在北方地区，历史上多次出现连续枯水年。从空间上看，南方耕地少（占39.5%），矿产资源匮乏，却拥有全国水资源总量的81%；北方耕地多（占全国60.5%），是中国的能源和重化工业基地，但水资源仅占全国的19%。特别作为全国重要的粮食产区和重化工业基地的黄淮海平原，人口占全国的34.8%，耕地占全国的39.1%，水资源仅占全国的7.7%。

根据这一判断，过去五十年来，中国政府大力倡导在全国主要江河上大规模建设水库和引水渠道，希望用水利工程调节水资源的分配。全国建设了86000多座水坝，其中包括22000座大坝，意在通过人工调节，解决水资源在时间上的分布不均。但是，随着20世纪80年代水资源短缺日益恶化，三分之二的主要城市还是陷入了缺水困境。现在，中国又在实施南水北调工程，试图实现水资源的人工调度，解决空间分布不均的问题。过去五十年来，我们在水利建设上可谓不遗余力，但我们在今天却还是一步步滑向了水危机的边缘。

3. 人口剧增和工农业用水

人口的激增和工农业生产的迅速发展，使工农业用水和生活用水迅猛增加。随着我国人口增加和社会经济的发展，生产、生活用水都在急剧增长，年取水量已经占到了世界全部取水量的12%，是用水最多的国家之一，这就使我国水资源的供需矛盾更加突出了：每年因缺水造成的工业经济损失上千亿元，农田受旱面积达到4亿亩（占耕地总量的1/4）；100多座城市严重缺水，正常年份全国缺水量将近400亿立方米。

与此相对应的是，我国目前用水效率较低，用水浪费现象严重。由于中国农业灌溉方式落后，全国农业灌溉水的有效利用率只有40%，仅为发达国家的一半左右；每立方米水的粮食生产能力只有0.87公斤左右，远低于2公斤以上的世界平均水平。据相关报道，我国不少地方，如山东、广东以及南京等地已经被迫采用“定额用水”制度，利用提高“超额”水费等方法来应对用水紧张问题。目前中国的一些大城市提高水费的呼声一直不断，也反映了这样一种现实情况。

4. 水污染严重

水污染日益严重，也是造成当代水资源紧张的一个重要原因。我国2006年工业排放的废水达240.2亿吨，需要2×10^5~2.5×10^5千立方米的干净水才能稀释和净化。在污染源不断增加的情况下，中国遭受污染而无法利用的河流越来越多，大大降低了水的利用程度，加剧了水资源紧缺现象。

与此同时，水污染问题也伴随工业化的高速推进而急剧恶化。北方的海河、淮河和辽河变黑发臭，几乎成了超级排污沟，而南方的太湖、巢湖和滇池由于接纳了大量有机污染物，造成严重富营养化，时常因藻类暴发而失去使用价值。

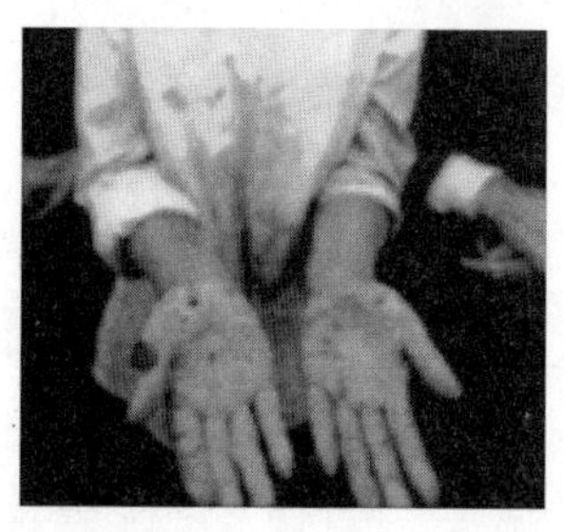

图1－3 河流污染形成黑色污染带，饮用污染水引起皮肤病变

今天，水污染依然在恶化，并且从支流向干流、从城市向农村、从地表向地下、从陆地向海洋蔓延。每年排入长江的污水达220亿吨，占全国总排污量的三分之一。几乎每个沿江城市下游，都可以看到长长的黑色污染带，总长近600公里。淮河流域生态破坏严重，水旱频仍，加之上游乡镇企业的恶性排污，使得人口密集的下游城市常常陷入有水不能用的窘境，而没有替代水源的农村地区出现了若干“癌症村”，环境灾难开始造成公共健康危机。

知识阅读：我国的水污染

我国的水污染问题已经处于一个相当严重的局面。根据水利部1997年的统计，全国河流中，污染河长（包括Ⅳ类、Ⅴ类河长占总河长27.7%，超Ⅴ类河长占15%）已占总河长65405公里的42.7%。完全污染、失去水的使用价值的超Ⅴ类河流占总河长的15%。而松辽、黄河、海河、淮河的污染河长竟达到65%~80%。如果按Ⅴ类和超Ⅴ类计，严重污染的河长占本流域河长的百分比依次为：辽河流域70.4%、淮河流域69.5%、海河流域67.3%、太湖水系46.7%、黄河流域32.1%。与1984年相比十几年来受污染河流的长度翻了一番。全国50多个代表性湖泊中75%以上水域受到污染，而超Ⅴ类湖泊占调查面积的19.6%，即五分之一。全国50个代表性水库中，三分之一的水库受到污染。地下水资源的污染情况也很严重，新疆、青海、甘肃、内蒙等省（区）的地下水资源中，Ⅴ类所占比例达到36.2%。水利部的另外一项统计数据还显示，我国有超过40%农村人口存在安全饮水问题，其中饮用高氟水的6300多万人中有近3000万人出现病症，因饮用高砷水致地方性砷中毒的病区人口有200多万，有3800多万人饮用苦咸水，1100多万人的饮用水受到血吸虫威胁。

1.1.3 中国城市用水现状和未来需求

1. 用水现状

我国水资源总量为24130亿立方米，在世界上仅次于巴西、俄罗斯、加拿大、美国和印尼而居第6位。但是中国人口巨大。资源总量用人口数字一摊，人均水资源占有量就很低了，仅在2300立方米上下。

在我国，北方城市和沿海城市的当地地表水资源大多已得到了充分利用，达到了75%保证率的利用程度，有的已高达90%以上，部分城市如天津、大连、青岛、西安等已从外区域引水；而多数南方城市的地表水资源尚未得到充分利用，有的利用率还相当低，其中，水源污染是造成地表水不能充分利用的一个重要原因。

我国城市地下水资源的开发利用总体来讲还有一定的潜力，但许多大中型城市开采状况不容乐观。唐山、太原、烟台、大连属严重超采城市，开采程度大于120%；北京、天津、石家庄、济南、邢台属超采的城市，开采程度介于100%~120%之间。但是，在一些尚有一定开采潜力的城市中，也存在局部超采甚至于严重超采的情况，如宁夏银川市的新市区严重超采282%，哈尔滨市城区超采60%，西安市城区超采25%，这是值得引起重视和关注的现象。

2. 未来需求

水资源需求变化是社会、经济、科技、文化等诸多因素综合作用的结果，过程十分复杂，主要影响因素有人口增长与城市化进程、产业结构变化与工业总产值、农业发展与灌溉面积增长以及生态环境保护和建设等。

很大程度上，人口增长是水资源需求增长的原始驱动力。城镇化改变了城乡人口分布，导致城镇生活需水增长，同时废污水排放量的增长，进一步加剧了城市水资源需求压力。未来一段时间内我国工业总产值和增长速度都将保持较高的水平增长，将驱动工业需水的增长。但是工业化过程中伴随着产业结构的升级，抑制需水增长的负驱动因素的作用也将增强，这是发达国家近20年来工业用水几乎零增长的重要原因。

下面就这几个方面对其未来需水量进行预测：

（1）工业需水量

在中等发展情景下，预计全国在2030年工业需水量将达到1704亿立方米，比现状增加565亿立方米，年增长平均达11.35%；2050年工业需水量将达到1957亿立方米，比现状增加818亿立方米，50年间年平均增长11.09%。

（2）农业需水量

从全国灌溉面积的综合定额看，现状为469立方米/亩，预计随着节水措施的加强和节水型农作物的推广，未来我国灌溉定额将会有所下降，预计2050年全国综合定额为408立方米/亩。专家们预测，到2030年中国总用水量将达到 8000 亿立方米，农业用水比重将从目前的 72%下降到 52%，灌溉用水总量减少。

（3）生活需水量

生活需水包括城镇和农村生活需水两部分。预计到 2050 年前后，全国农村生活总需水量下降为 276 亿立方米左右，城镇生活总需水量将达 890 亿立方米，全部生活总需水量预计达到 1166 亿立方米。城镇生活需水量增长较快，预计 2050 年比现状新增 606 亿立方米，农村生活用水变化不大。因此，城镇生活需水量的增长将成为未来城镇供需水的主要矛盾。

（4）生态环境需水量

在预测全国各省市区未来生态环境需水量（相对引提用水）时，这里认为在多年平均降水量小于 800 毫米的地区才需要引提水资源来供给生态环境用水。2030 年和 2050 年各水平年的生态环境需水量是 485 亿立方米和 501 亿立方米。

（5）总需水量

按照生产、生活、生态来分，各水平的年需水情况见表 1－1。21 世纪中叶，我国将实现达到世界中等发达国家水平的战略目标，进而建立起适应国民经济可持续发展的良性生态环境，社会经济各部门的需水量将会有所增加，预测 2030 年和 2050 年中国未来需水总量分别为 7277 亿立方米和 7863 亿立方米（包括生态环境用水）。

中国未来各水平年需水情况表（单位：亿立方米）　　**表 1－1**

水平年	生产需水量	生活需水量	生态需水量	总需水量
2030 年	5820	972	485	7277
2050 年	6196	1166	501	7863

1.2　水循环与水污染

1.2.1　水的自然循环

水循环分为大循环和小循环。地球上的水在太阳热能的作用下，不断蒸发成为水汽，上升到高空，随大气运动而散布到各处。这种水汽遇适当条件与环境，则凝结而成为降水，下落到地面。到达地面的雨水，除部分为植物截留并蒸发外，一部分沿地面流动成为地面径流，一部分渗入地下，沿含水层流动而成为地下径流，最后，它们之中的大部分都流归大海。然后，又重新蒸发，继续凝结形成降水，运转流动，往复不停。这种过程即自然界的水循环，也叫大循环。仅在局部地区（陆地或海洋）进行的水循环称为水的小循环。环境中水的循环是大、小循环交织在一起的，并在全球范围内和在地球

图1-4　水循环示意图

上各个地区内不停地进行着。

形成水循环的内因是水在通常环境条件下具有易于在气态、液态、固态三种形态之间转化的特性，外因是太阳辐射和重力作用，为水循环提供了水的物理状态变化和运动的能量。地球上的水分布广泛，储量巨大，是水循环的物质基础。由于地球上太阳辐射的强度不均匀，不同地区的水循环的情况也就不相同，如在赤道地区太阳辐射强度大，降水量一般比中纬度地区多，尤其比高纬度地区多。

影响水循环的因素很多。自然因素主要有气象条件（大气环流、风向、风速、温度、湿度等）和地理条件（地形、地质、土壤、植被等）。人为因素对水循环也有直接或间接的影响。人类活动不断改变着自然环境，越来越强烈地影响水循环的过程。人类修建水库，开凿运河、渠道、河网以及大量开发利用地下水等，改变了水的原来径流路线，引起水的分布和水的运动状况的变化，农业的发展、森林的破坏引起蒸发、径流、下渗等过程的变化，城市和工矿区的大气污染和热岛效应也可改变本地区的水循环状况。

环境中许多物质的交换和运动依靠水循环来实现。水循环的主要作用表现在三个方面：水是所有营养物质的介质，营养物质的循环和水循环不可分割地联系在一起；水是很好的溶剂，在生态系统中起着能量传递和利用的作用；水是地质变化的动因之一，一个地方矿质元素的流失，而另一个地方矿质元素的沉积往往要通过水循环来完成。

降水、蒸发和径流是水循环过程的三个最主要环节，这三者构成的水循环途径决定着全球的水量平衡，也决定着一个地区的水资源总量。水量平衡是说在一个足够长的时期里，全球范围的总蒸发量等于总降水量。

径流是一个地区（流域）的降水量与蒸发量的差值。多年平均的海洋水量平衡方程为：蒸发量＝降水量＋径流量；多年平均的陆地水量平衡方程是：降水量＝径流量＋蒸发量。但是，无论是海洋还是陆地，降水量和蒸发量的地理分布都是不均匀的，这种差异最明显的就是不同纬度的差异。

1.2.2　水的社会循环

城市是人口和工业集中的地方。城市用水主要是人们的生活饮用水和工业用水。城市由天然水体取水，供人们生活和工业使用，用过的水又排回天然水体，这就是水的社会循环，在水的社会循环过程中，用过的水中常会有许多废弃物。一般天然水体都是一个生态系统，对排入的废弃物有一定的净化能力，称为水体的自净能力。由于社会循环的水量不断增大，排入水体的废弃物不断增多，一旦超出了水体的自净能力，水质就会恶化，从而使水体遭到污染。受污染的水体，将丧失和部分丧失使用功能，从而影响水资

图1-5　水的社会循环示意图

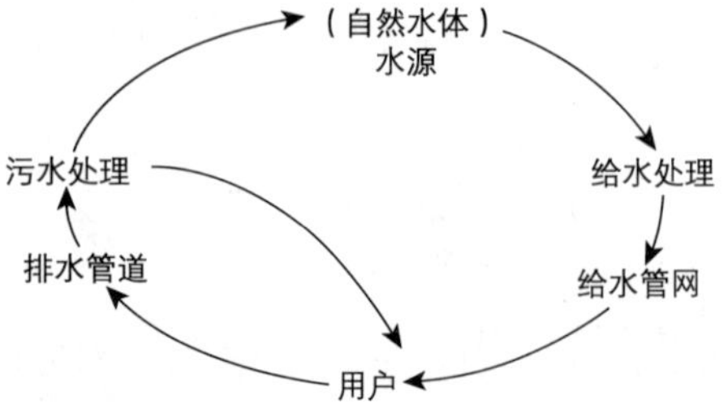

（自然水体）
水源
给水处理
给水管网
用户
排水管道
污水处理

源的可持续利用，并加剧水资源短缺的危机。

对城市污水进行处理，使其排入天然水体不会造成污染，从而实现水资源的可持续利用，称为水的良性社会循环。城市由未受污染的天然水体取水，一般是比较经济的，因为这时为满足用水对水质的要求（特别是生活饮用水）而进行的水处理比较易行。当水资源短缺危机出现时，为减少由天然水体取水的量，可以采取循环回用使用过的污、废水的方法，如将清洁的冷却水循环使用于工业用水，比较简单，也比较经济；再如将尽量多的污、废水回用于工业，可以显著减少天然水体的取水量，缓解水资源危机。

从水的良性社会循环角度看，人们生活和工业生产用过的污、废水排入天然水体以前需要经过处理，为此需要花费一定的费用。如果回用污、废水的处理费不高于上述回用费用，无疑是比较合理的，否则便需从多种方案中进行选择。有以下途径可供选择：

1. 减少浪费

我国许多地区，由于水价过低等原因，一方面水资源短缺，一方面又存在着大量浪费水的现象。节水不仅可减少从天然水体的取水量，缓解水资源危机，并且可减少供水和给水处理费用。此外，节水还可同时减少排水量和污、废水处理费用。随着我国城市化进程和经济的发展，城市用水量会不断增加，相应地，排水量也会不断增加。为实现水的良性社会循环，城市供、排水所需费用将增大到国民经济难以承受的程度，因此只有通过节水，显著减少城市供、排水量，才能将费用降下来。所以，不仅水资源贫乏地区要节水，水资源充足的地区也要节水。

知识阅读：北京市的缺水与水价

北京是典型的资源型缺水城市。北京的降水时空分布不均，降雨主要集中在汛期 3 个月的时间，而且70%以上的降水又集中在7月下旬到8月上旬短短的20天内，因而注定了北京资源型缺水的特征。水资源量严重不足。北京多年平均降水585毫米，年均可利用水资源41亿立方米，目前北京人口数字已经达到近1700余万，人均水资源量不足300立方米，远低于联合国划定人均1000立方米的缺水下限，是水资源严重短缺的特大城市。

中华人民共和国成立以后，北京市的自来水价格一直都非常低廉，每立方米仅售几分钱，直到1991年自来水价格才开始逐步上调。合理的水价，是实行科学用水、解决水资源不足的重要措施，同时也是水利工程单位实行商品化经营管理，将水利工程管理单位办成企业的前提条件，因此，北京用水涨价的声音一直不绝于耳。

2. 污、废水回用

污、废水回用可以减少城市由天然水体的取水量，缓解水资源危机。可行的污、废水回用有多方面，工业企业内部水的循环利用和重复利用是应用最广的一种，但是我国在这方面与发达国家尚有不少差距。

城市污水回用于工业，需要进行比排入天然水体更复杂的水处理，但对水资源短缺的地区，它仍是比较经济合理的一种方案，在我国尚处于起步阶段，今后潜力是很大的。将城市污水回用于公用设施和住宅冲洗厕所、浇灌绿地、浇洒道路以及景观用水等，一般称为中水技术，也是很值得推广的。

3. 优质优用，合理调配

城市附近的农业灌溉用水，用水量很大，大都取自天然水体。城市用水为满足人们生活饮用需要，也要求取自天然水体。在水资源短缺地区，如将城市污水回用于农业灌溉，将原来用于灌溉的水供给城市，就能缓解争水矛盾和水资源危机。如将城市污水适当处理，使其水质满足农业灌溉的要求，则城市污水回用于农业灌溉是可以得到迅速发展的。

4. 海水

海水可大量用于工业冷却用水，从而减少城市对淡水的需求。沿海地区城市利用海水是缓解水资源危机的重要途径。

5. 雨水

雨水是一种重要的淡水资源。现代大城市市区面积很大，大部分地面为不透水铺面覆盖，遇到暴雨会形成洪涝灾害。如将雨水部分贮积起来，则可获得可观的水资源。在城市住宅小区或适当地方贮积雨水，可用于浇洒绿地、道路、水景以及下渗补充地下水，改善生态环境，并缓解水资源危机，实现水的良性社会循环。

6. 饮用水除污染

由江河取水的城市，若水质受到上游城市或其他污染源的污染而不宜再作水源时，称作水质型水资源短缺。现代的饮用水除污染技术，能将受到一定程度污染的源水处理到符合生活饮用水水质标准的要求，只要在现有城市自来水传统处理工艺基础上，再增加除污染处理设施就可以了。为此当然需要增加一些费用，但比城市污水的处理费用要低。饮用水除污染，可以缓解水质型水资源危机。对排入水体的城市污、废水进行处理，是实现水的良性社会循环的重要环节。

7. 发展循序用水

循序用水是根据不同用水对象对水质的不同要求，先由对水质要求高的用水对象使用水，然后其排出的水不经处理，直接由对水质要求低的用水对象使用。循序用水遵循优质优用的原则，通过增加水的使用次数来减少新鲜水的使用量，相当于增加了水资源量。

在工业生产和生活中均可开展循序用水，如在工业生产中把轻污染水用作循环冷却水，把仅受热污染的水作采暖用水等；在生活用水方面，把洗衣服的最后漂洗水用作淋浴水，淋浴废水用作厕所冲洗水，厕所排水用作绿地浇灌等都是典型的例子。循序用水不需要对水进行处理就实现了水的重复利用，符合循环经济的资源化原则。

1.2.3　自然循环与社会循环的关系

水是人类社会发展不可少的和不可替代的资源，所以水资源是人类可持续利用的宝贵资源。地球上水的循环，可分为水的自然循环和水的社会循环，二者之间的关系密不可分。

陆地上每年有 3.6×10^{13} 立方米的水流入海洋，这些水把约 3.6×10^{9} 吨的可溶解物质带入海洋。人类生产和消费活动排出的污染物通过不同的途径进入水循环。矿物燃料燃烧产生并排入大气的二氧化硫和氮氧化物，进入水循环能形成酸雨，从而把大气污染转变为地面水和土壤的污染。大气中的颗粒物也可通过降水等过程返回地面。土壤和固体废物受降水的冲洗、淋溶等作用，其中的有害物质通过径流、渗透等途径，参加水循环而迁移扩散。人类排放的工业废水和生活污水，使地表水或地下水受到污染，最终使海洋受到污染，使水的自然循环遭到严重破坏。

由此可见，水的自然循环所能接纳的污染物数量有一个最大值，而水的社会循环总会把污染物带入到水的自然循环中。当所携带的污染物量超过此最大值时，水的自然循环便会遭到破坏，水污染和水环境恶化也就随之出现。

水的自然循环和社会循环交织在一起，水的社会循环依赖于自然循环，又对水的自然循环造成了一定程度的负面影响。但是，只要在水的社会循环中，注意遵循水的自然循环规律，重视污水的处理程度，使得排放到自然水体中的再生水能够满足水体自净的环境容量要求，就能够使自然界有限的淡水资源为人类重复地、持续地利用。

1.2.4　水污染及其危害

有人说，地球的颜色是绿色的，它孕育着生命，预示着人类的诞生和未来。也有人说，它是生命的摇篮，人类的母亲，它把全部的爱无私地奉献给人类的子子孙孙。它的确很大，幅员辽阔，但不是无边无际；它的确很美，山青水秀，但不是青春永远；它的确很富，资源广博，但不是取之不尽，用之不竭。如今，地球生态环境已被人类活动严重破坏，尤其是水的污染更为突出。

水污染是指进入水体的污染物含量超过水体本地值和自净能力，使水质受到损害，破坏了水体原有的性质和用途。水污染有多种，工业污染水是由于工矿企业把生产过程中的废水、废渣等排进水体中，造成水污染；生活污染水是指城市生活废水排进水体中，造成水污染；农田水污染是指农田灌溉用水把农田中的化肥、农药等污染物质带入水体中；天然污染水是指某些地区化学元素异常，造成水体污染，或植物在腐烂的过程中产生有毒物质进入水体中等等。

图 1－6　工农业及生活污水被随意排入水体

水污染的主因是近年来我国气候变化大，干旱严重，河水减少甚至断流，地下水位下降，泉水枯竭，再加上工农业和城市经济快速发展，生产和生活用水量大幅度增加。工农业争水、城乡争水，使一些地区农村生活饮用水不足问题更加突出。

在人类活动所造成的污染中，工业引起的水体污染最严重，如工业废水，它含污染物多，成分复杂，不仅在水中不易净化，而且处理也比较困难。工业废水是工业污染引起水体污染的最重要的原因，它占工业排出的污染物的大部分。工业废水所含的污染物因工厂种类不同而千差万别，即使是同类工厂，生产过程不同，其所含污染物的质和量也不一样。工业除了排出的废水直接注入水体引起污染外，固体废物和废气也会污染水体……

农业污染首先是由于耕作或开荒使土地表面疏松，在土壤和地形还未稳定时出现降雨，大量泥沙流入水中，增加水中的悬浮物。其次是近年来农药、化肥的使用量日益增多，而使用的农药和化肥只有少量附着或被吸收，其余绝大部分残留在土壤和飘浮在大气中，通过降雨或经过地表径流的冲刷进入地表水和渗入地下水形成污染。

城市污染源对水体的污染主要是生活污水，它是人们日常生活中产生的各种污水的混合液，其中包括厨房、洗涤房、浴室和厕所排出的污水。

水环境污染，现已成为世界性的重大问题，而我国的水环境污染尤其严重，既影响人民生活，又破坏生态，直接危害人的健康，使国民经济遭受了重大损失。

1. 危害人的健康

水污染后，通过饮水或食物链，污染物进入人体，使人急性或慢性中毒，砷、铬、铵类等还可诱发癌症。被寄生虫、病毒或其他致病菌污染的水，会引起多种传染病和寄生虫病。重金属污染的水，对人的健康均有危害。如位于河南境内的黄孟营村村民由于长期饮用被污染的水，已成了远近闻名的"癌症村"。在华北、西北、东北和黄淮海平原地区的高氟水使得氟斑牙、"桶圈脚"、驼背病屡屡发生，甚至有的地方村民身高只有0.8~1.4米，出现了"矮子村"。1950年在日本水俣湾附近的小渔村中，村民由于饮用了附近工厂排入了汞的水而导致出现了水俣症。这些都是水污染危害人类健康的触目惊心的案例。

图1-7 水俣病示意图

2. 危害工农业生产

水质污染后，工业用水必须投入更多的处理费用，造成资源、能源的浪费。食品工业用水要求更为严格，水质不合格，会使生产停顿。这也是工业企业效益不高、质量不好的因素。农业使用污水，可能使作物减产，品质降低，甚至使人畜受害，大片农田遭受污染，降低土壤质量。海洋污染的后果也十分严重，如石油污染，造成海鸟和海洋生物死亡以及赤潮等。

参考阅读：疾病与水

世界上 80% 的疾病与水有关。伤寒、霍乱、胃肠炎、痢疾、传染性肝病是人类五大疾病，均由水的不洁引起。近年来，全球每年有几千万人死于因水污染而引发的疾病。世界卫生组织的调查表明：

全球 12 亿人因饮用被污染的水而患上各种疾病，患病率高达 20%；

全球 80% 的疾病是由于饮用水被污染造成；

全球 50% 的癌症与饮用水不洁有关；

全球因水污染引起的霍乱、痢疾和疟疾的人数超过 500 万。

3. 水的富营养化

溶解氧不仅是水生生物得以生存的条件，而且氧参加水中的各种氧化－还原反应，促进污染物转化降解，是天然水体具有自净能力的重要原因。随着含有大量氮、磷、钾的生活污水的排放，大量有机物在水中降解释放出营养元素，将促进水中藻类丛生，植物疯长，使水体通气不良，溶解氧的能力下降，甚至出现无氧层。结果会使水生植物大量死亡，水面发黑，水体发臭，形成“死湖”、“死河”、“死海”，进而变成沼泽。这种现象称为水的富营养化。富营养化的水臭味大、颜色深、细菌多。这种水的水质差，不能直接利用，水中的鱼大量死亡。例如滇池是昆明最大的饮用水源，供水量占全市供水量的 54%。由于昆明市及滇池周围地区大量工业污水和生活污水的排入，致使滇池重金属污染和富营养化十分严重，作为饮用水源已有多项指标不合格，昆明市第三水厂 1993 年被迫停产 43 天，直接经济损失 4000 多万元，沿湖不少农村的井水也不能饮用，造成 30 多万农民饮水困难。

1.3 城市水系统

1.3.1 城市水系统的组成

水是城市发展的基础性自然资源和战略性经济资源，而水环境则是城市发展所依托的生态基础之一。水在城市系统中具有五大主要功能：水是城市生存和发展的必需品和最大消费品，是污染物传输和转化的基本载体，是维持城市区域生态平衡的物质基础，是城市景观和文化的组成部分，是城市安全的风险来源。城市中与水相关的各个组成部分所构成的水物质流、水设施和水活动构成了“城市水系统”，包括水源系统、给水系统、用水系统、排水系统、回用系统和雨水系统。“水可载舟，亦可覆舟”，城市水系统规划和设计的合理与否将直接影响和制约城市的发展。

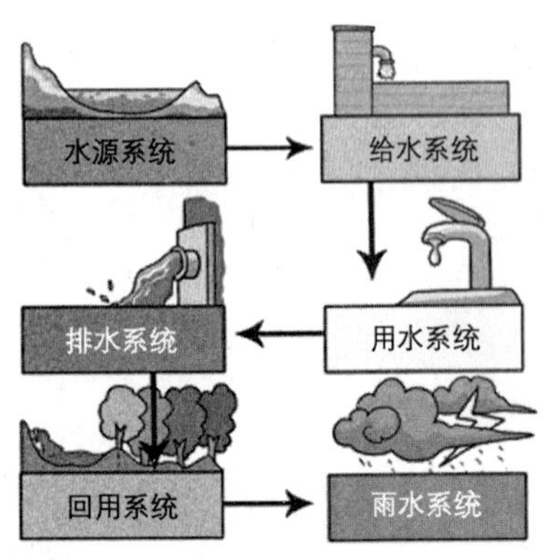

图1－8 城市水系统组成

1. 水源系统

水源系统包括地表水源、土壤水源和地下水源。人们饮用、工农业用水均取自于水源系统。地表水是河流、冰川、湖泊、沼泽四种水体的总称，亦称“陆地水”。它是人类生活用水的重要来源之一，也是各国水资源的主要组成部分。广泛埋藏于地表以下的各种状态的水，统称为地下水。大气降水是地下水的主要来源。根据地下埋藏条件的不同，地下水可分为上层滞水、潜水和自流水三大类。地下水系统由有形的地下水开采井和无形的地下水渗流场构成，它是许多城市尤其是北方城市的主要供水水源和供水设施（如井群）。土壤水源即土壤孔隙中的水分。这三种水源构成了整个城市的水源系统。

2. 给水系统

给水系统就是由保证城市、工矿企业等用水的各种构筑物和输配水管网组成的系统。根据系统性质，可分类如下：

（1）按水源种类，可分为地表水和地下水给水系统；

（2）按供水方式，可分为自流系统（重力供水）、水泵供水系统（压力供水）和混合供水系统；

（3）按使用目的，可分为生活给水、生产给水和消防给水系统；

（4）按服务对象，可分为城市给水和工业给水系统，工业给水系统又可以分为循环系统和复用系统。

给水系统由相互联系的一系列构筑物和输配水管网组成。它的任务是从水源取水，按照用户对水质的要求进行处理，然后将水输送到用水区，并向用户配水。为了完成上述任务，给水系统常由取水口、输水管道、净水厂和配水管道组成。

给水系统成为城市和工矿企业的一个重要基础设施，必须保证以足够的水量、合格的水质、充裕的水压供应生活用水、生产用水和其他用水，不但要能满足现在的需要，还需兼顾今后的发展。

3. 用水系统

用水系统包括生活用水、工业用水、市政用水和农业用水四个方面。从水源系统取出来的水经过给水系统净化处理，然后输送到用户及工农业配水管道系统中，供人们使用。

4. 排水系统

排水系统是指排水的收集、输送、处理和利用，以及排放等设施以一定方式组合成的总体，它包括城市污水排水系统和工业废水排水系统两部分。

排水系统被形象地比作城市的命脉，是城市生活和工业废水的排泄和净化系统，它对保证水系统的正常运转，对减少污染、保护环境、提高人民健康水平、维持城市的正常工作和秩序有着非常重要的意义。排水系统由市政和企业的排水管道、户内下水管道、排水泵站和污水处理厂等构成。

5. 回用系统

回用系统由废水或污水再生处理厂（站）和回用水管道或中水管道组成。目前主要有两类系统，一类是建设在居民小区、宾馆饭店或工厂企业内部的小循环系统，通常叫中水系统或回用水系统；另一类是在城市集中式污水处理厂基础上建设的城市污水再生利用系统，目前缺水城市正在积极推进，将来会有更大的发展空间。

6. 雨水系统

雨水系统主要由雨水收集、雨水处理和蓄集利用部分组成。在城市，雨水收集主要包括屋面雨水、广场雨水、绿地雨水和污染较轻的路面雨水。雨水的处理可分为常规处理和非常规处理。常规处理指经济实用、应用广泛的处理工艺，主要有沉淀、过滤、消毒和一些自然净化技术等；非常规处理则是指一些效果好但费用较高或适用于特定条件下的工艺，如活性炭技术、膜技术等。雨水集蓄利用主要是指将汇流面上（如屋面、广场、绿地、道路等）的雨水径流汇集在蓄水设施中再进行利用。

1.3.2　不同用途对水质的要求

生活饮用水是指人类饮用和日常生活用水，包括个人卫生用水，但不包括水生物用水以及特殊用途的水。生活饮用水水质应符合下列基本要求：水中不得含有病原微生物；水中所含化学物质及放射性物质不得危害人体健康；水的感官性状良好。

生活杂用水一般是指城市污水再生后回用作厕所便器冲洗、城市绿化、道路保洁、洗车等的水，具体要求如下：

（1）冲厕用水：对人体无影响，不影响环境卫生，无臭气；

（2）园林绿化：对土壤、植物无有害影响，对人体无影响，对周围环境无影响；

（3）道路保洁：需特别注意对人体皮肤和呼吸系统造成的影响，清洁道路时不会带来额外污染物；

（4）洗车用水：特别是含盐量不能超标，需注意不能对洗车工人的健康造成影响；

（5）一般的景观用水：颜色无异常变化，无明显异臭，不含有漂浮的浮膜、油斑和其他聚集物质，尤其特别注意不能对水体产生富营养化影响，主要控制氮磷指标。

污水处理后出水作为冷却水回用时，一般有如下水质要求：在热交换过程中，不产生结垢；对冷却系统不产生腐蚀作用；不产生过多的泡沫；不存在有助于微生物生长的过量营养物质。

灌溉回用水水质要求主要包括以下几个方面：不传染疾病，不破坏土壤的结构和性能，不使土壤盐碱化；土壤中重金属和有害物质的积累不超过有害水平；不影响农作物的产量和质量；不污染地下水。

1.3.3 水是如何进行处理的?

大家肯定特别好奇，我们平时从自来水龙头接的水是怎么来的呢？相信大家都会回答："自来水厂抽出来的"！如果接着再问自来水厂的水又是从哪来的呢，肯定一部分人知道是从水库里抽出来的。那水库里的水到自来水厂再到我们的水龙头这个过程是怎样的呢？下面就详细介绍我们平时生活的自来水是怎样处理的。

自来水净水处理的目的是去除原水中的悬浮物质、胶体物质、细菌、藻类、重金属及有机物污染物等有害成份，使净化后的水质能满足生活用水或工业生产用水的需要。

常用的净水工艺有：自然沉淀、氧化（预氧化）曝气、混凝沉淀或澄清、气浮、过滤、吸附、消毒等，另外还有各种去除藻类、铁、锰、氟等的特殊处理工艺。

由于我国地域广，水土、地质、地理环境及水源种类各不相同，各地区的工农业发展也不相同，由此带来的污染程度也不同，所以在自来水的处理方法上也不尽相同，这里介绍最常用的具有代表性的工艺流程：

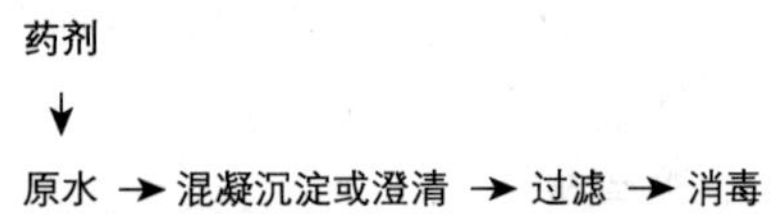

这里的药剂可根据水源水质的不同而进行选择，如水库、湖泊水往往含藻量较高，因此需要加入杀藻药剂，当原水中铁、锰含量超过现行的《生活饮用水卫生标准》的规定时，应加入除铁、除锰药剂对原水进行除铁、除锰处理等。

1. 沉淀

高浊度的原水中含有大量的悬浮物和泥沙，在流动状态下无法沉降而悬浮于水中，在进入沉沙池后，由于流速缓慢，在重力的作用下，其中较大颗粒的泥沙和悬浮物会自然沉淀而从水体中分离出来。

2. 混凝沉淀或澄清

混凝处理就是向水中加入混凝剂（或絮凝剂），从而使得水中的胶体粒子以及微小的悬浮物聚集。在混凝沉淀过程中，先形成较小的微粒，再通过絮凝形成较大的絮粒，絮粒可在一定的沉淀条件下从水中分离、沉降出来。混凝和沉淀属于两个单元，而澄清池则是将两个过程综合于一个构筑物中完成，其主要目的是使水中的絮粒能较快、较彻底地沉降。

3. 过滤

过滤一般是指用石英砂等粒状滤料层截留水中悬浮杂质，从而使水获得澄清的工艺过程。经过混凝沉淀或澄清处理的水比原水清多了，但还有一部分细小的杂质颗粒，如某些形成色度的溶解物质及细菌，必须用过滤的方法进一步除去水中残留的悬浮颗粒和细菌病毒。

4. 消毒

为防止通过饮用水传播疾病，在生活饮用水处理中，消毒是必不可少的。消毒只是要消除水中致病微生物（如病菌、病毒及原生动物包囊等）的致病作用。水的消毒方法很多，包括氯及氯化物消毒、臭氧消毒、紫外线消毒以及某些重金属离子消毒等。

1.4 城市节约用水

中国水资源状况基本不容乐观。20 世纪 80 年代以来，国内生产总值有突飞猛进的增长，耗水量多年来持续增加。而水资源总量却从 1997 年的 27855 亿立方米下降到 2004 年的 24130 亿立方米。从表 1－2 可以观察到，改革开放后，工业化和城市化速度骤然加快，这也体现在对我国水资源的需求量增加方面，20 年需求量均增加一倍，这也是对我国水资源需求的主要压力。水资源对国民经济发展的约束也随之加强。

1949～2002 年中国用水量增长（单位：亿立方米）　　**表 1－2**

用水量	1949 年	1980 年	1993 年	1997 年	2000 年	2002 年
用水总量	1031	4437	5198	5566	5498	5497
农业	1001	3699	3817	3920	3467	3736
工业	24	457	906	1121	1139	1142
生活	6	280	475	525	575	619
人均用水	187	450	443	450	430	428

资料来源（转引自）：陈志恺．中国水资源的现状、发展趋势和可持续利用问题．在首届全国水文科技工作座谈会上的专题报告

1.4.1 城市用水分类

城市是经济发展的产物，根据自来水的使用性质可分为生活用水、第二产业用水、第一产业用水、生态环境用水和漏损水。对这五类用水的具体划分如下：

1. 生活用水

（1）城镇居民家庭生活

■ 饮用、炊事　■ 冲厕　■ 淋浴　■ 个人洗漱　■ 衣物洗涤　■ 餐具洗涤　■ 洗车、花园　■ 其他

（2）城镇公共服务/第三产业

■ 办公区（写字楼）　■ 大专院校　■ 商业　■ 部队　■ 宾馆饭店　■ 餐饮　■ 医疗卫生　■ 科研　■ 旅馆　■ 中小学及幼儿园　■ 食品加工　■ 文娱场所

■ 市政单位　■ 洗浴　■ 外事机构　■ 文化事业　■ 居民服务　■ 影剧院

2. 第二产业用水
◆ 电子信息产业
◆ 机电产业
◆ 交通运输设备制造业
◆ 医药产业
◆ 石油化工产业
◆ 建材产业
◆ 冶金产业
◆ 其他基础产业
◆ 食品饮料
◆ 服装纺织
◆ 其他都市产业
◆ 电力工业
◆ 建筑业
3. 第一产业用水
◆ 种植业
■ 水浇地 ■ 菜田 ■ 水田
◆ 林牧渔
■ 林果 ■ 草场 ■ 鱼塘
◆ 牲畜
■ 大牲畜 ■ 小牲畜
4. 生态环境用水
◆ 中心城水域 ◆ 新城水域 ◆ 防护绿地 ◆ 经济林地 ◆ 人工湿地
◆ 回补地下水 ◆ 水土保持 ◆ 城市道路 ◆ 公共绿地
5. 漏损水

1.4.2 城市节水的途径

根据我国目前的节水潜力和未来水资源开发利用的特点，“十一五规划”提出建立节约型社会，节水的重点领域是农业、工业、城市和非常规水利用。其中，农业节水以提高灌溉水利用效率为核心，结合新农村建设，调整农业种植结构，优化配置水资源，加快建设高效输配水工程等农业节水基础设施，对现有大中型灌区进行续建配套和节水改造，推广和普及节水技术。工业节水重点抓好火力发电、石油石化、钢铁、纺织、造纸、化工、食品等高用水行业的节水工作；加快产业结构调整、严格市场准入及限制高消耗、高排放、低效率、产能过剩行业盲目发展，通过用水计划管理，加强总量控制、定额管理、系统节水改造及非常规水源利用等措施，降低工业企业单位产品取水量。城市节水继续开展“节水型城市”创建工作，加快改造城市供水管网，强化城镇生活用水管理，合理利用多种水源，强制使用节水及计量设备和器具。非常规水源利用，在科学合理开发利用地表水、地下水的同时，开发利用海水、再生水、矿井水、雨水等非常规水源，增加可供水量，缓解水资源瓶颈制约。

与此同时，绿化生态所用水量也不可忽视。住房和城乡建设部组织召开的“全国节约型园林绿化现场会”，反思过去城市园林绿化中的浪费之风，大力倡导节约型园林绿化模式，提出“节约型城市园林绿化”就是“以最少的用地、最少的用水、最少的财政拨款、选择对周围生态环境最少干扰的绿化模式”。可见，节约绿化生态用水也是城市节水的一个重要途径。

1. 工业用水

水在工业中的主要用途包括生产过程中的冷却降温、锅炉用水、原料用水以及处理和洗涤产品，其中以冷却水的用量最多。工业节水的主要措施有：

◆ 冷却水的重复使用：在工厂推行冷却塔和冷却池技术，可使大量的冷却水得到重复利用，并且投资少，见效快，如某塑料厂投资数万元设置冷却塔后，生产1吨塑料的耗水量由300多立方米降到49立方米，水的回收率达到80%~90%，一年节约水费近3万元。

◆ 回收利用废水，建立工业用水的封闭循环系统，如天津一家造纸厂采用这种方法实现工业循环用水后，日耗水量由3000立方米减少到300立方米，节水达90%。

◆ 循环用水：在化工、电镀、印染、纺织等行业的生产过程中，可推行逆流漂洗的循环用水技术，利用后一工艺排出的较清的水供前一道工艺使用，可节水30%以上。

◆ 革新工艺，采用新技术：以风冷却、气冷却代替水冷却，以热水代替蒸气采暖。加拿大一家炼油厂用气冷代替水冷，使炼制每吨原油的耗水量由100立方米左右降低到0.2立方米。使用热水代替蒸汽供暖，也可节水达30%以上。

◆ 用次水代替好水和废水的交换使用：滨海城市耗水量大的工厂可用海水代替淡水冷却，如大连市的化工、石油和发电等13家工厂日用海水168万立方米冷却机器设备，相当于全市用水总量的56%。

2. 农业节水

农业节水是指农业生产过程中在保证生产效益的前提下尽可能节约用水。农业是用水大户，但是在相当一部分发展中国家，农业生产投入低，技术落后，农田灌溉不合理，水量浪费惊人。因此，农业节水以总量多和潜力大成为节水的首要课题。

解决农业用水供需矛盾的基本原则仍不外是“开源节流”。从根本上讲，农业用水的开源途径是提高一个区域（或流域）的降水径流利用率。为此，需要从各方面加强流域的综合治理，其主要内容有：

◆ 植树造林

◆ 进一步扩大及完善山区与平原水库调蓄系统

◆ 地下水资源开发的合理化

◆ 建立“地下水库”

农业节水的基本途径是实行农田灌溉节水，即在农田灌溉过程中节约用水，这是农业节水的主体，又称为“节水农业”。它强调通过灌溉技术的改造和设备的更新，最大限度地减少用水量，其主要措施有：

◆ 合理拟定农业种植结构

◆ 实施经济灌溉定额

◆ 提高灌区水的利用效率

灌溉技术具体表现为取消传统的漫灌、畦灌，推广浇灌、喷灌、滴灌技术。喷灌与滴灌都是管道化灌溉系统的一种行之有效的高效节水灌溉技术。喷灌是经管道输送将水通过架空喷头进行喷洒灌溉。其优点是可将水喷射到空中变成细滴均匀地散布到田间。它可按农作物品种、自然和气候状况适时适量喷洒，每次喷洒水量少，一般不产生地面径流和深层渗漏，更不致因灌溉抬高地下水位引起土壤盐碱化。滴灌是经管道输送将水通过滴头直接滴到植物根部。因此，滴灌除具有喷灌的主要优点外，还比喷灌更节水（约40%）、节能（50%～70%），但因管道系统分布范围大，需更多的投资和运行管理工作量。实践证明，浇灌和喷灌比畦灌节约用水1/3～1/2，滴灌节水量更大。另外，改良灌溉水渠的建设也是节约用水的重要方面，传统的土渠灌溉浪费水量很大，将渠底水泥化或用防渗漏的化工材料铺设渠底，可以大大地减少渗漏水量。

图1-9 喷灌示意图

图1-10 滴灌示意图

3. 城市生活用水

城市生活用水多关系到人们的生活与直接利益。相对工业节水而言，在各种生活用水节水途径中，运用经济杠杆，宣传教育、加强节水观念，推广应用节水器具和设备具有更为普遍和更为特殊的意义。

◆ 运用经济杠杆节约用水

取消居民住宅“用水包费制”，是建立合理的水费体制、实行计量收费的基础。凡是取消“用水包费制”进行计量收费的地方都取得了明显效果。调整水费也可促进节约用水。上述关于取消“用水包费制”和调整水费所产生的影响，随时间推移及物价指数提高会逐渐减弱以至消退。因此，在采用经济杠杆节约用水的措施时，应考虑动态分析。

◆ 进行节水宣传教育，加强节水观念

在生活中人们的用水情况，如在给定的建筑给水排水设备条件下，用水时间、用水次数、用水强度、用水方式等直接取决于其用水行为和习惯。通常用水行为和习惯是比较稳定的。这就是为什么在日常生活中一些人或家庭用水较少，而另一些人或家庭用水较多。但是人们的生活行为和习惯往往受某种潜意识的影响。如欲改变某些不良行为或习惯，就必须从加强正确观念入手，克服潜意识的影响，将改变不良行为或习惯变成一种自觉行动。显然，正确观念的形成要依靠宣传和教育。应该指出，宣传和教育均属对人们思想认识的正面引导，教育主要依靠潜移默化的影响，而宣传则是教育的强化。因此，通过宣传教育去节约用水是一种长期行为，不能指望获得“立竿见影”的效果，除非同某些行政手段相结合，并且坚持不懈。如日本的水资源较贫乏，故十分重视节约用水的宣传教育。日本把每年的“六・一”定为全国的“节水日”，而且注意从儿童开始。联合国在 1993 年作出决定，将每年的 3 月 22 日定为“世界水日”。中国水利部将 3 月 22 日至 28 日定为“中国水周”。

◆ 推广应用节水器具和设备

推广应用节水器具和设备是城市生活用水的主要节水途径之一。实际上，大部分节水器具和设备是针对生活用水的使用情况和特点而开发生产的。节水器具和设备，对于有意节水的用户而言有助提高节水效果；对于不注意节水的用户而言，至少可以限制水的浪费。

除了上述三种节水途径外，其他节水途径对城市生活用水亦具有同样重要意义。运用经济杠杆，宣传教育、加强节水观念，推广应用节水器具和设备三者之间具有相辅相成的作用。它们恰似节约城市生活用水工作中呈“三足鼎立”之势的三个主要支柱，缺一不可。

4. 绿化生态用水

城市绿地节水就是采用一定的措施，减少无效的水分损耗（主要为裸地的蒸发和过量灌水后水分的损失），充分利用雨水，减少灌溉用水，最终实现人类、资源、环境、社会和经济的和谐发展。因此在选择绿化节水方法的时候，应该考虑以下原则：

◆ 节约用水原则。即采用提出的方法后，能够实实在在地节约用水，减少水分损失。

◆ 环境美化原则。即采用节水技术后，绿地的质量应该满足最低的设计要求，不能节约了用水，却毁坏了绿地，降低了人们生活的质量。

◆ 绿化环境的可持续发展原则。即采用提出的节水技术后，能够持续地实现水资源、绿地环境和居民生活的和谐发展，而不能只是在一定的时间内实现。

◆ 经济和技术可行性原则。提出的节水技术应该在当前的条件下能够实现，不存在技术和经济方面的制约。

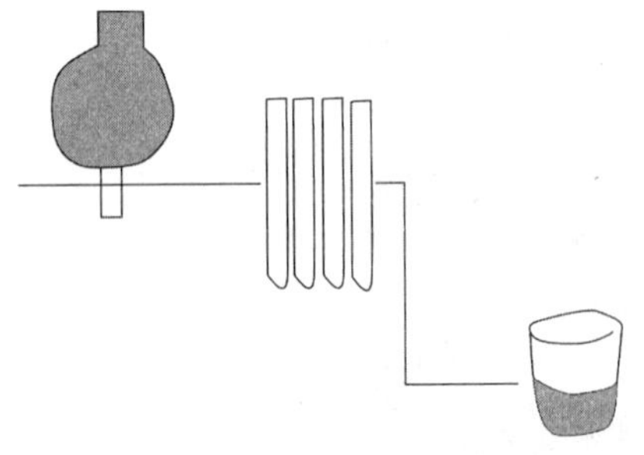

图1-11 海水淡化就是除去咸水中的盐，或将淡水透析出来

5. 非常规水利用

时代发展带给人类的最大挑战，就是要让有限的资源得到合理的开发，以不断适应经济的增长。在这之中，如何合理利用水资源显得十分重要。国内外水资源开发利用过程的经验，也已经表明了人类用水的可控性，展现了未来缓解我国水资源供需矛盾的一种可能前景。

下面就开源和节流两个方面对非常规水的利用进行详细介绍。

(1) 开源

开源，即广泛利用水源。目前，在城市中除去河湖水，还有雨水、海水、雪水、空调冷凝水、植物露水、中水和雾水等多种水源。这里主要介绍海水淡化、雨水利用、再生水及其利用和跨流域调水这四种开源技术。

①海水淡化

地球上97%以上的水是人类难以直接利用的海水。这个巨大的海水水体蕴藏着取之不尽、用之不竭的巨量水资源和其他丰富的物质资源。当前，人类在面临陆上淡水紧缺和物质资源不断的威胁下，开发利用海水资源和其中3.5%的矿物资源是发展的必然趋势。

海水淡化就是除去海水中的盐分以获得淡水的工艺过程，又称海水脱盐，其方法有两类：a. 从海水中取水，采用蒸馏法、反渗透法、水合物法、溶剂萃取法和冰冻法；b. 除去海水中的盐分，采用电渗析法、离子交换法和压渗法。

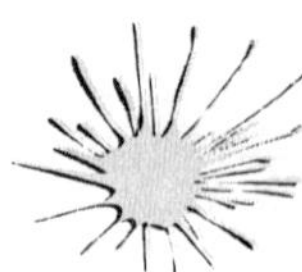

参考阅读：海水淡化方法

蒸馏是分离、纯化液态混合物的一种常用方法。这里主要是利用水的沸点低于盐的沸点的特性，将海水通过不同的方法加热从而分离盐分和淡水的方法。蒸馏所用的能源不同，其流程和设备也有所不同，常用的有多效竖管蒸馏、多级闪急蒸馏、蒸汽压缩蒸馏和太阳能蒸馏等法。

反渗透是渗透的逆过程。正常的渗透是稀溶液中的溶剂通过半透膜进入浓溶液中的自发过程；而反渗透则是浓溶液中的溶剂受压而通过半透膜的反自发过程。海水的渗透压约为25个大气压，海水的反渗透法就是给海水施加高于25个大气压的压力，使海水中的水透过半透膜与其中的盐分离的过程。实际上为提高单位膜面积的水通量，通常采用的操作压力为海水渗透压的2~4倍。

电渗析法就是利用水中的离子在直流电场的作用下，通过半透膜完成脱盐过程。脱盐用的选择性离子交换膜有两种：①阳膜，只允许阳离子透过的阳离子交换膜；②阴膜，只允许阴离子透过的阴离子交换膜。当海水流经电渗器时，在直流电场的作用下，阴离子透过阴膜向阳极方向迁移，途中被阳膜挡住去路，被水流冲洗而出；阳离子透过阳膜向阴极方向迁移，途中被阴膜挡住，也被水流冲出。透过阳膜或阴膜的水为淡水。结果，从大约一半的夹层流出的水为淡水，从另一半流出的则为浓缩的海水。

②雨水利用

雨水是保障我们生活用水极其重要的资源，所有的水资源都需要依靠雨水、雪水补充。雨水曾被当作灾害加以防止，而现在已经成为重要的可用水资源，是缓解城市水资源紧张的重要水源之一。雨水利用不仅仅是指资源的开发和节约，同时也是指通过利用雨水来改善整个城市的生态环境。

城市雨水利用在国外已经是屡见不鲜，但是在我国刚刚开始。雨水利用的方式有三种。一是屋面雨水集蓄系统水，集下来的雨水主要用于家庭、公共场所和企业的非饮用水。法国法兰克福一个苹果榨汁厂，更是把屋顶集下来的雨水作为工业冷却循环用水，成为工业项目雨水利用的典范。二是雨水间接利用（渗透）系统，如道路雨水通过下水道排入沿途大型蓄水池或通过渗透补充地下水。德国城市街道雨水管道口均设有截污挂篮，以拦截雨水径流携带的污染物。三是雨水综合利用系统，如小区沿着排水道建有渗透浅沟，表面植有草皮，供雨水径流流过时下渗。超过渗透能力的雨水则进入雨水池或人工湿地，作为水景或继续下渗。

③再生水回用

城市污水深度处理后的再生水可以满足工业、农业和城市景观用水的水质需求，作为缓解缺水地区水资源紧张状况的有效途径。目前再生水回用在北京、天津等城市已经得到了一定程度的应用。

再生水，也被称为中水，它的准确定义是污、废水经二级处理和深度处理后作回用的水，其水质指标高于污水允许排入地表和地下水体的排放标准，但又低于城市给水中饮用水水质标准的循环利用水。

再生水的用途，一是用于工业冷却。在城市工业总用水量中，冷却用水占到60%~80%。由于冷却用水对水质要求不高，二级生化处理效果好或经简单深度处理的出水水质基本上都能满足冷却用水的水质标准，因此再生水回用于工业时应考虑用于冷却补充水。二是居民住宅用水，主要用于冲厕。冲厕用水约占生活总用水量的30%，水量较大且对水质的要求较低，故这一部分用水可由再生水替代。三是公共市政用水，如市政建设、扫除、洗车、浇洒绿地、道路用水等，约占城市生活用水总量的10%~13%，虽然用水量不是很大，但对水质要求不高，也可由再生水替代。

④跨流域调水

我国水土资源分布很不均衡，长江及其以南流域的径流量占全国的80%以上，耕地面积却不到全国的40%。黄河、淮河、海河三大流域和西北内陆区的面积占全国的50%，耕地占45%，人口占36%，水资源总量只有全国的12%。在这种情况下，跨流域调水已经成为了调节水资源分配、解决区域性经济发展瓶颈的重要手段，如目前我国的南水北调工程就是解决我国南北水资源不平衡这一问题的关键性措施。

跨流域调水的定义在国内已经基本上达成了一致，即是在两个或两个以上的流域系统之间，通过调剂水量余缺所进行的合理水资源开发利用。我国是世界上最早进行调水工程建设的国家之一，著名的邗沟、鸿沟工程等都为发展我国的水上交通和农业灌溉作出了重大贡献。新中国成立以来，为解决缺水城市和地区的水资源紧张状况，我国又修建了 20 座大型跨流域调水工程，如江苏的江水北调工程、天津的引滦入津工程、广东的东深供水工程、河北的引黄入卫、山东的引黄济青工程、甘肃的引大入秦等。但是远距离调水需要比较高的费用，且与调水的距离相关，即调水距离愈长，费用愈高。因此，远距离调水应在充分节水的基础上进行。若不节水，用水浪费严重，用水效率低，必然要调更多的水，并且调来的水也会有相当部分被浪费掉，不能充分发挥调水效益。而且调水愈多，城市污水增加也愈多，不仅增大调水费用，同时也增大了污水处理和排放的费用，若不能同步建设污水处理设施，还会加重对水体的污染。

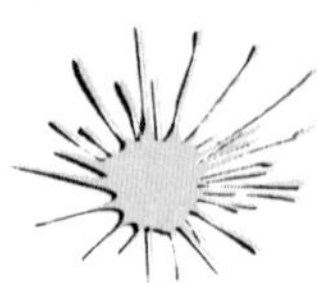

参考阅读：南水北调工程

从 20 世纪 50 年代提出“南水北调”的设想后，经过几十年研究，我国南水北调的总体布局确定为：分别从长江上、中、下游调水，以适应西北、华北各地的发展需要，即南水北调西线工程、南水北调中线工程和南水北调东线工程。根据中国大陆地势形成的三个阶梯，西线工程主要分布在最高一级的青藏高原上，地形上可以控制整个西北和华北，因长江上游水量有限，只能为黄河上中游的西北地区和华北部分地区补水；中线工程从第三阶梯西侧通过，从长江中游及其支流汉江引水，可自流供水给黄淮海平原大部分地区；东线工程位于第三阶梯东部，因地势低，需抽水北送。（摘自人民网）

（2）节流

节流就是指广泛开发水的多种用途，利用水的各种使用要求，重复循环使用水，包括节约管网漏损水和科学节水两个方面。

①科学用水

真正的节约用水应该是科学用水。那么，怎样科学用水？

据调查，有许多行业科学用水做得很好，它们虽然用水无度，堪称真正的浪费，但却有办法实现节约用水，达到科学用水，如洗车行业。据业内人士称，我国每洗净一辆车约需 100 升水，而国外采取污水循环净化器或蒸汽洗车，每洗一辆仅需 0.7 升水，其中巨大的节约空间不难窥见。

图 1－12 智慧用水

同时，许多企业通过排污循环处理后的废水，基本达标，没有污染，若随意排放掉，无异于浪费；假如回收再利用，就可为企业再生产节约下一大笔水费和水资源。这就是科学用水。

此外，雨水和中水的回收与利用，也都不失为科学用水的良策之一。已经有越来越多的市民对此产生浓厚兴趣。更有人提议，在楼房建造时，应在给排水管道的设计中考虑雨水和中水的回收路线与方式。这样，就能实现雨水拖地、洗脸水冲厕所、淘米水浇花等水循环利用。再加之节能洁具的推广与普及，节水会日趋科学、理性，实现全国科学用水。

②管漏损失

我国人均水资源占有量少，北方地区缺水状况尤其严峻，水资源的短缺已成为经济和社会可持续发展的瓶颈。而根据住房和城乡建设部调查，我国供水管网漏损却非常严重，平均漏损率在20%以上，而且在逐年增加，北方尤其严重，甚至有的城市的供水效率只有30%多，漏损率高达66%，真是触目惊心！一方面缺水严重，挖空心思找水源、调水，而另一方面，自来水厂处理过的洁净水却在白白浪费。据统计，全国每年有100亿吨水就这样付之东流了，造成巨大损失，实在令人痛心。

到底是什么原因造成我国供水管网漏损如此严重呢？至少有如下5个方面：

城区管道老化。城市原有给水管道大多是20世纪60～70年代铺设，多为普通灰口铸铁管和镀锌钢管。使用时间较长，在管内壁形成大量沉淀或发生锈蚀，造成管道堵塞或漏水；管网长时间水压高，旧管线漏水并容易发生爆管事故。

设计原因。管道设计标准偏低或设计错误，运用的管材不当，地面负荷和管道附件支墩考虑过小；在有电流的地区没有考虑电化学腐蚀，内外防腐处理不好等。

施工质量差，工程质量监督不严。给水管道施工中管道基础不符合设计要求，造成管道运行中沉降不均导致漏水；管道配件与管道不协调；在旧管线改造中，由于时间紧、管件多，石棉水泥接口养护时间短，达不到设计强度，也为今后供水管线投入运行埋下隐患。

旧城区房屋改造工程中，旧管线与外部市政供水管线没有完全断开，造成漏水率增加。

其他原因。如道路工程施工等对管道的破坏，水厂突然遇到停电、开停水泵时造成管道内水锤现象等。

图1-13　灰口铸铁管锈蚀情况

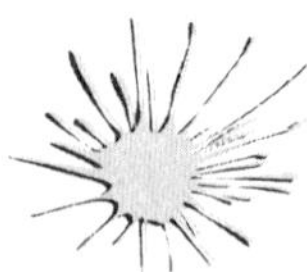

参考阅读

根据对漏水原因进行的深入分析，可以看出，要彻底解决管网漏失问题也应该从管网设计、施工质量、维护管理等三个方面来着手。

1. 优化管网设计

合理的管网设计能保证管网中各管段的水压、流速、流量等技术参数经常处于安全运行范围内，从而保证管网输水能力为最佳状态。

2. 严抓施工质量

输配水管网的施工质量直接决定了其竣工后能否安全运行。因此，为防止运行过程中管网事故的发生，应切实按照施工图纸施工，遵照有关施工规范，切实把好原材料的选购、试验、施工质量以及竣工验收四个关口，及时测绘竣工图，整理施工资料归档。

3. 提高维护水平

供水管网线长而面广。为确保管网的安全运行，企业应当实行管网巡查工作，购置先进的检漏设备，加强专业技术队伍建设，充分应用管网维护及管理方面的新技术、新工艺、新设备，建立管网故障调查制度。同时要加强宣传，鼓励公众参与，一方面会更有利于查处黑户和发现隐蔽性较强的漏点，另一方面也节省了大量的人力、物力。

1.4.3 从我做起，从点滴做起

大家见过我国的节水标志吗？知道这个看似简单的节水标志蕴含的深刻含义吗？

“国家节水标志”由水滴、人手和地球变形而成。绿色的圆形代表地球，象征节约用水是保护地球生态的重要措施。标志留白部分像一只手托起一滴水，手是拼音字母 J、S 的变形，寓意节水，表示节水需要公众参与，鼓励人们从我做起，人人动手节约每一滴水；手又像一条蜿蜒的河流，象征滴水汇成江河。

当我们抱怨空气污染、沙尘暴频繁、生存环境越来越恶劣时，何不从自己做起，从现在我们身边的小事做起，哪怕是节约一滴水、一度电、一粒粮这样的小事，日久就会养成节约的好习惯。节约用水，人人有责！

在家庭生活用水中，饮用、做饭用水占 8%，洗衣服用水占 22%，厕所用水占 27%，洗澡用水占 34%，其他用水占 9%。如果我们在这些环节中，多多思考，多多注意，调整使用的先后顺序，那么节水的效果将不可估量。此外，在家庭日常生活中，还应经常教育家庭成员要节约用水，出门时要检查一下水龙头是否拧紧，防止有时因停水忘记关水龙头而造成损失等。

国家节水标志

水是生命的源泉、农业的命脉、工业的血液！只有大家都注意节水了，水荒才能远离我们而去，生活才会安定和谐，环境才会优美舒适。我们明白

这些道理以后，不但要自己身体力行，还要做好宣传工作，让大家都来节水。节约是中华民族的传统美德，节水需要全社会的共同努力。作为社会的一分子，每个人都要增强节水意识，从小处做起，共同行动，坚持不懈，节约每一滴水，构建和谐社会，共创美好未来！

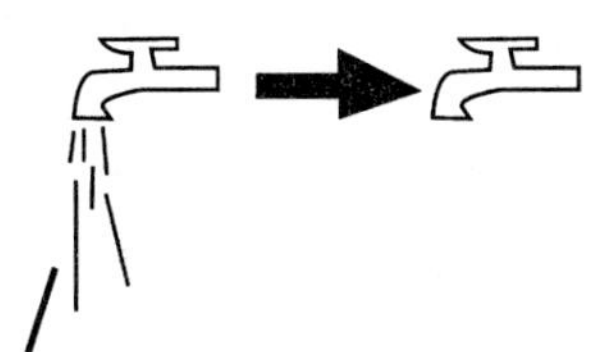

图 1－14　自觉节水

第 2 章　节约生活用水

水、空气（氧）、食物、温度是维持人类生存的四个条件。科学研究显示，人在不补充食物同时也不喝水的情况下，一般环境条件下可坚持 72 小时，超过了 72 小时，人的生命就会有危险。而如果有了水，即便没有食物，人可能坚持生存七八天。

生活用多少水为标准呢？如果短时期内维持生存，每天每人 2 升即可；如果要生活得非常舒适，每人每天消耗 600 升也不算多。当然这只是人生活中的直接消耗，不包括间接消耗的水。供水规模的不断扩大，人们对更加舒适的生活的追求，用水项目的不断增加，给水器具使用性能的改善，都会增加清洁水的消耗、污染和排出。

用水的人多了，可用的清洁水少了，就必须均分着用，追求的是供需平衡，但是要能维持城镇的正常运转，保障一定的生活质量。居民平均每人每天至少要消耗 50 升水，其中在家消耗 70%，在社会上消耗 30%。

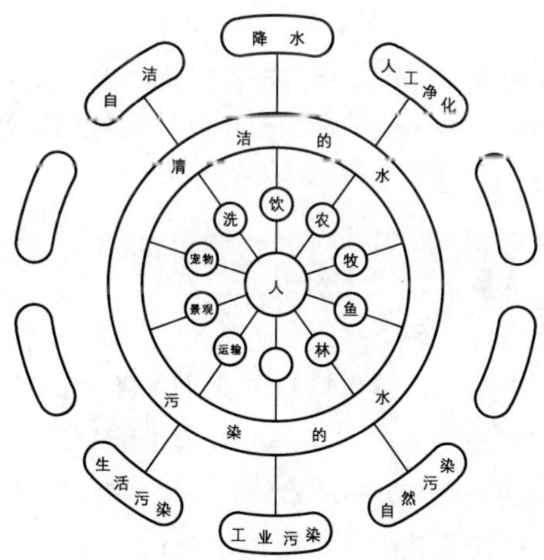

图 2－1　人与水的关系图

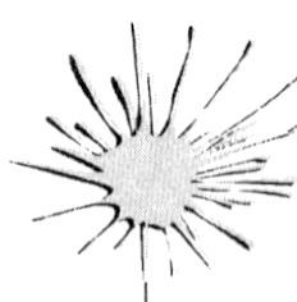

补充阅读：水！水！水！外星人……

水是生命之源。最初的生命体在水（海）中诞生。假如三十多亿年前地球上没有水，那么一切生命都无法存在。水不仅是生命存在的基本条件，而且是生命结构的基本构体。就人类而言，构成我们身体的组成部分大致如下：蛋白质占17%，脂肪14%，碳水化合物1.5%，钙等矿物质6%，剩下的61.5%为水。就生理来说，人体各部分组织，也大都由水来支持。人体器官组织的含水量大致如下：血液83%，肌肉76%，肺、心脏80%，肾83%，肝68%，脑75%，就连骨骼也含水22%。人体可以说由水形成，生命活动甚至可以说以水为中心而进行，一旦缺水，生命必然结束。

长期以来，这也成为了科学家们探索太空、寻找外星球生命的依据。包括美国国家航空航天局（NASA）在内，探索地球外生命的努力均建立在这一个假设上，即所有生命都离不开水、碳和脱氧核糖核酸（DNA）这三大要素。在过去数十年中，寻找液态水，一直被NASA以及主流科学家看成是寻找外星生命所遵循的最重要原则，表面可能存在水的行星和卫星因此成为探索重点。

但是，这样一种基本“常识”，也可能是“禁锢”科学家思维的一种“成见”。有科学家指出，外星球生命可能会以一种迥异于地球生命的形态和机理存在，地球外生命完全可能是一种无需水、碳、DNA的“异类生命”。无疑，这种思维将促使科学家重新探索地球和太阳系的“异生命”。

2.1 城镇生活用水与节水

随着现代社会人口不断向城镇集中，水在城镇生活中的地位显得更为重要，城镇生活用水相对更为量大集中，对水的质量要求标准也更加严格。

在自然界，清洁的水和污染的水是一个整体连通的体系。清洁的水少了，污染的水就多；清洁的水多了，污染的水就少。清洁的水主要有三条来路：自洁和降水基本是靠天（自然）吃饭，不能根据人的需要供应；人工净化是用技术手段满足人们的需求，但代价很大，需要大量牺牲人们其他方面的利益，目前只是小规模进行。污染水源的方式也有三种，包括自然污染、生活污染和工业污染。其中除了自然污染目前人们不能全面控制，其他两项还是可以通过人为努力加以控制的。尤其是和城镇生活息息相关的生活用水，完全可以通过城镇居民的各种努力来尽量缩减，同时减少污染水排放。

节约生活用水，首先应该树立节约用水意识。人们必须认识到，自己用水多了别人就得少用，或是这项用多了那项就得少用。人们还必须意识到，要想得到水资源就必须放弃一些别的需求，比如说人们对水的需求与对电视机的需求以及用汽车代替步行的需求相比，哪项更重要。显然是前者，但是用金钱衡量前者又远远比不上后者。这就需要通过一定的方式，比如提高水的价格等，让人们感觉到它足以影响其他需求的水平。其次，是使用理想的节水器具，有了理想的用水器具才能实现用好水、节水的愿望。

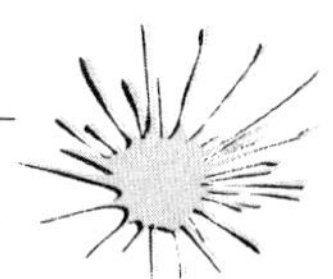

参考阅读：　日常用水知多少？

2006 年中国水资源报告指出，我国人均用水量为 427 立方米/年，城镇人均生活用水量为每日 212 升（含公共用水），农村居民人均生活用水量为每日 68 升。按东、中、西部统计分析，人均用水量分别为 436 立方米、371 立方米、487 立方米，中部小，东、西部大。

从人均用水量看，大于 600 立方米的有新疆、宁夏、西藏、内蒙古、江苏、黑龙江、上海 7 个省（自治区、直辖市），其中新疆、宁夏、西藏分别达 2532 立方米、1259 立方米、1022 立方米；小于 300 立方米的有山西、陕西、河南、天津、重庆、北京、山东、四川、贵州、河北等 10 个省（直辖市），其中山西最低，仅 168 立方米。

全国城市人均生活用水量南北区别较大。北京是一个严重缺水的城市，2005 年北京市水务局公布的年人均生活用水量是 87 立方米/365 天 = 238 升（其中居民住宅用水 38 立方米/365 天 = 104 升）。广州市的人均用水量最多，每人每天大约是 330 多升。

这些水都包括哪些呢？

一是饮用水。正常人一天的饮用水约 3 ~ 5 升，最多的也不会超过 10 升。

二是三餐用水。三餐中用于淘米、洗菜、洗碗的水，按三口之家算，一餐用水量在 20 升左右，最多的也不会超过 30 升。

三是洗漱用水和洗浴用水。洗漱用水每天人均 10 升左右，洗浴用水量南北的差别要大些。南方人天天冲澡，北方人一般一周一次。一次按习惯应在 20 ~ 50 升/次之间。所以，南方人均耗水量大于北方人均耗水量部分，基本上是用在洗浴上了。

四是卫生用水，主要是冲厕所用水。这是生活用水中最大的用水。一般的抽水马桶用水量在 9 升以下，也有小于 5 升的，但 6 升是标准的产品。

以上是生活用水中的必须部分。不难看出，我们的人均耗水量（212 升）中还有大部分没有出处。它们主要包括家庭打扫卫生用水和社会用水的公摊部分，包括食品加工用水以及城市的景观用水等。

2.2　水龙头节水

集中供水的城镇里，水龙头（按建材标准称为水嘴，以下按习惯称为水龙头）是最末端的取水用具，人人都要使用它。人们经常看到在不同场所使用的不同式样的水龙头，有普通（冷）水龙头、热水龙头、混合水龙头、浴盆水龙头、淋浴水龙头、洗衣机水龙头、旋转出水口水龙头、手持可伸缩式水龙头（洗涤盆用）、机械式自动关闭水龙头、电控全自动水龙头、自动收费（插卡）水龙头以及净身器水龙头等。实际上水龙头的类型远比这还要复杂得多。

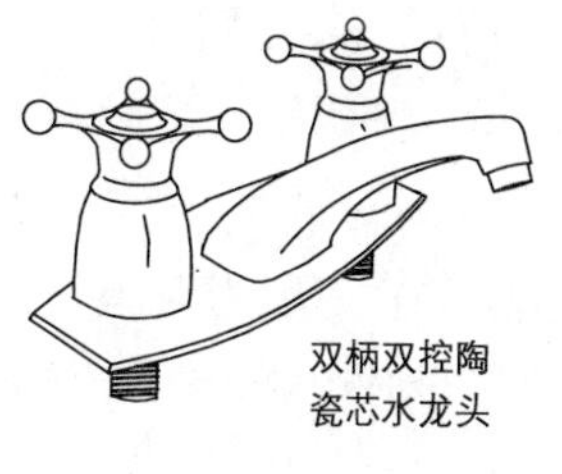

双柄双控陶瓷芯水龙头

单柄单控陶瓷芯水龙头

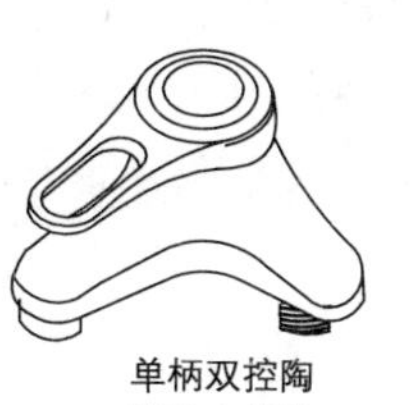

单柄双控陶瓷芯水龙头

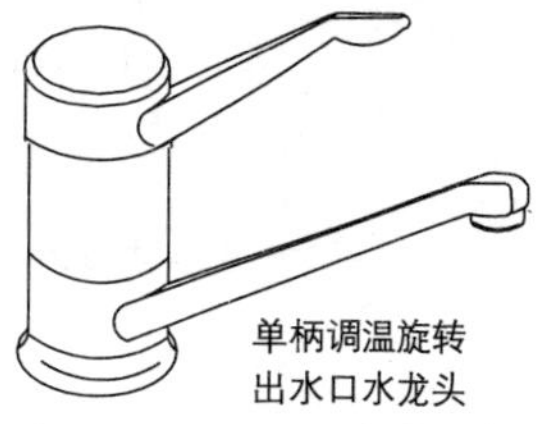

单柄调温旋转出水口水龙头

图 2－2　比较典型的水龙头

2.2.1 了解水龙头

1. 水龙头的构造

水龙头是非常频繁使用的器具，通过最简单的操作就能打开或关闭水流，作用就是方便取水。对水龙头而言，最简单的要求是关闭后不能漏水，打开应该非常方便，并且有一定的使用寿命，因此在关闭结构上也有了很多样式：塞式、螺旋升降式、陶瓷片密封式、空心球式、轴筒式、小孔先导式、电磁直提式、电动机旋转式。

2. 制造水龙头的材料

制造水龙头的材料早期以灰铸铁为主，后多采用可锻铸铁，发展到现在，广泛使用的多是铜合金（黄铜）、不锈钢，在附件（把手、装饰罩等）中锌基合金、塑料等不易锈蚀材料也得到广泛应用。其中制造密封件的材料主要是无害橡（塑）胶、聚四氟乙烯塑料、陶瓷片等，结构件材料有灰铸铁、可锻铸铁、铜合金（黄铜）、锌基合金（制造）、不锈钢、工程塑料（ABS、聚乙烯、尼龙）等。

3. 水龙头的表面处理与装饰

水龙头长时间和水接触，表面的装饰不仅仅是为了美观，更重要的作用是为了防腐，便于清洁。水龙头的表面涂（镀）层可分为防锈漆、冷（化学镀）镀锌、喷塑、热浸锌、镀铬（包括镀铜、镀镍）、镀钛以及顶级豪华的镀金产品。

2.2.2 水龙头的规格与安装

1. 水龙头的连接尺寸

水龙头要与管路连接，因此水龙头上面的螺纹与水管的螺纹是一致的，一般分为 DN15（英制 4 分）、DN20（英制 6 分）、DN25（英制 1 寸）和 DN10（英制 3 分）。后两种由于偏大和偏小，比较少用，使用最多的是第一种，一般做成阳螺纹。

2. 水龙头的安装

水龙头的安装较为简单，但当水龙头要与水盆等器皿一块使用时，安装必须看清是否有冷热水，如有冷热水那就要优先考虑冷、热水联体阀是单安装孔还是双安装孔。双安装孔的挡距分为 100 毫米（4 英寸）、150 毫米（6 英寸）、200 毫米（8 英寸）几种，其中 200 毫米（8 英寸）规格的已经较少采用。为了节省空间、方便操作，立柱式单柄单孔（安装孔）双控阀已经得到更广泛应用。

水龙头有水平和垂直两种安装方式：直接与硬管连接或与软管连接。与硬管连接的可以利用水管固定水龙头，与软管连接的水龙头本身必须能够可靠地固定在墙壁或台面上。

2.2.3　水龙头的使用特性

水龙头的使用特性主要是指它的耐压、流量、密封的耐用性（寿命）以及开关水龙头的方式等。

1. 水龙头的耐压

用于城镇自来水管网的器材要求耐压0.6兆帕。按照有关规定，检测压力应该是使用压力的1.5倍，即0.9兆帕。由于水龙头的使用安全至关重要，用陶瓷和硅橡胶材料作密封件的水龙头具有密封性能好，比较耐用，关闭迅速，使用方便，具备大规模工业化生产等优点，因此使用得越来越广泛。但是陶瓷是脆性材料，需要特别注意水击产生的危害，因此“陶瓷片密封水嘴”的标准将耐压强度检测压力提高到2.5兆帕，有的生产厂家产品耐压检测的指标是7.5兆帕。还有陶瓷片怕冻，不能在温度低于0℃的地方安装使用。

小知识：　直径与耐压

DN××：钢管、铸铁管、球墨铸铁管都以公称直径DN表示。DN为公称直径，不是内径，也不是外径，是计算直径。

耐压××兆帕：表示水管能够承受的压力的大小，比如，耐压0.6兆帕表示水管在有水的情况下内部可以承受6公斤压力。

2. 水龙头的流量

水龙头的供水能力除了本身结构外，还受到管网给水压力的制约。水龙头的流量是指在规定的动压下，必须达到的最低供水能力。近年来考虑到节约用水的要求，国家标准（规范）中还对超过规定压力时水龙头的最高供水量提出了限制。

现行的给排水规范主要考虑管网末梢最不利给水点的用水，对不同类型的水龙头都有详细明确的要求，例如洗面器水龙头在给水压力（动压，下同）为0.05兆帕时，出水量不少于0.15升/秒；浴盆（缸）水龙头在给水压力为0.05兆帕时，出水量不少于0.2升/秒。“陶瓷片密封水嘴”标准是参考欧洲标准制定的，规定的检测压力为0.3兆帕，洗面器水龙头出水量不少于0.20升/秒；浴盆（缸）水龙头出水量不少于0.33升/秒。在我国一些给水压力高低悬殊的城市，给水动压远达不到0.3兆帕，也会发生因给水压力低而给水不足的问题。

3. 水龙头的使用寿命

水龙头的寿命主要是指密封的使用寿命。考察使用寿命，一种是按质量监督检测标准中规定的全程开关20万次的寿命检测和其他部位寿命检测，另一种是由产品的生产方进行出厂检测。

4. 水龙头的开关形式

水龙头有不同的开关控制方式，最简单直接的是手控式（包括单柄单控、单柄双控），再有特别需要的地方还有肘控、脚（踏）控、非接触控制（利用红外线传感器和电动阀门控制）、自动（机械或电控）延时关闭、自动限制流量、无水关闭、自动恒温以及在公众用水场所使用的插卡收费等多种开关形式的水龙头。

5. 水龙头的价格

在经济欠发达的时候，人们比较关心的是水龙头的最基本的使用功能（能不能关得上、打得开，流量是否够用）和价格。过去一个普通水龙头大约3（铁质）~12（铜质）元钱。当经济发展了，使用者开始关心水龙头的外观和款式以及质量，水龙头的外形有很大改善，它的价格也提高2~3倍；当经济进一步发展，人们的居住环境有了较大改善时，水龙头的专用品种大大增加，尤其是冷热水混合水龙头得到广泛应用，这样的水龙头价格会达到普通单温水龙头的5~10倍。同样功能的水龙头，国外的名牌产品可能是国内产品的价格5~10倍，个别冷热水混合水龙头可达千元以上。

根据经验，水龙头产品的价格由以下几部分组成：品牌、新颖的外观、表面及内在的加工质量、符合人体工程学的舒适使用性能、耐用性、材质以及同一型号产品加工（销售）批量的多少等。

2.2.4 根据不同功能需求选择不同的水龙头

选用水龙头时应该首先考虑它的使用环境。固定的个人使用者选用一般的手动水龙头，公共场所安装延时、定量（时）自闭水龙头，有条件时应该考虑自动控制的水龙头。为了避免交叉感染，医院应该选用非接触式水龙头。

不同结构和形式的水龙头各有各的优缺点，例如现在市场上销售最多的陶瓷片密封单、双控水龙头，它的密封比较好，使用寿命长，控制水量和温度方便，生产技术成熟，零部件规范，容易规模化生产，因此可以降低生产成本，款式也能不断适应市场的需求更新。但缺点是不宜做成较大流量的产品；瓷片是脆性材料，抵抗水中杂质和水击的能力差，易破碎，存在安全隐患，在我国北方地区使用还要特别注意冬季的防冻问题，轻微的冻结即可使瓷片破裂；结构本身没有止回作用，不能防止外界对管网的污染。

1. 节水型水龙头

为了减少水的不必要浪费，选择节水型的产品也很重要。所谓节水龙头产品应该是有使用针对性的，能够保障最基本流量（例如洗手盆用0.05升/秒，洗涤盆用0.1升/秒，淋浴用0.15升/秒）、自动减少无用水的消耗（例如加装充气口防飞溅；洗手用喷雾方式，提高水的利用率；经常发生停水的地方选用停水自闭龙头；公用洗手盆安装延时、定量自闭龙头）、耐用且不易损坏（有的产品已经能做到60 万次开关无故障）的产品。当管网的给水压力静压超过0.4 兆帕或动压超过0.3 兆帕时，应该考虑在水龙头前面的干管线上采取减压措施，加装减压阀或孔板等，在水龙头前安装自动限流器也比较理想。

2. 绿色环保材料水龙头

当前除了注意选用节水龙头，还应大力提倡选用绿色环保材料制造的水龙头。绿色环保水龙头除了在一些密封的零件材料表面涂装选用无害的材料（曾经使用的石棉、有害的橡胶、含铅的油漆、镀层等都应该淘汰）外，还要注意控制水龙头阀体材料中的含铅量。制造水龙头阀体，应该选择低铅黄铜、不锈钢等材料，也可以采用在水的流经部位洗铅的方法，达到除铅的目的。

为了防止铁管或镀锌管中的铅对水的二次污染以及接头容易腐蚀的问题，现在不断推广使用新型管材，一类是塑料的，另一类是薄壁不锈钢的。这些管材的刚性远不如钢铁管（镀锌管），因此给非自己固定式水龙头的安装带来一些不便。在选用水龙头时，除了注意尺寸及安装方向合用以外，还应该在固定水龙头的方法上给以足够重视，否则会因为经常搬动水龙头手柄，造成水龙头和接口的松动。

2.3　便器节水

冲水便器的发明和使用是人类文明的一种象征。经过一百多年的发展，便器已经成为城市居民生活当中不可缺少的器具，是人们生活当中耗用水量较大的器具。

根据不同的使用要求，冲水便器系统已经发展成种类繁多的大家族，分为蹲便器、坐便器、小便器、净身器等。另外还有“干式（利用微生物分解）”便器、化学药剂便器、焚烧式便器、冷冻式便器等不需要水冲洗技术的便器也在一些特定环境中使用。常说的抽水马桶专指冲水式坐便器，简称坐便器。

2.3.1　冲水便器系统的组成

冲水便器系统一般由水箱及配件（含自动补水阀、排水阀）、便器（含防臭水封）、污水输送管路（含管材、管件、接口）组成。一般来说，便器的安装施工技术会影响节水的效果，必须要选用口径一致的器材，保证系统的通畅。如果当地水压足够高（动压0.08 兆帕以上），也可以用一种专用的延时自闭阀替代水箱及配件。

冲水便器的冲水方式分为水箱（一档、两档式，大小便分别用不同水量冲洗和手动（脚踏）延时自闭冲洗阀以及自动控制式。目前大部分冲水便器均使用优质的自来水（饮用水质），这是一种很大的水资源浪费。冲水便器仅仅是用水作运输介质，对水质的要求远不需要达到饮用的标准，应尽量创造条件使用中水（二次水、再生水等）。除此以外，还应尽可能减少每次冲水的用水量。减少便器用水量不能只减少水箱的贮水或减少冲水时间，整个冲水便器的各个环节都要适应减少水量的要求。尽管水箱、水箱配件、便器都能做到适应减少水量的要求，如果输送的管道阻力大，水量少了就稀释不了污物；流速不够，会发生管路堵塞的严重问题。既要用水少，又要保证系统安全运行，才能真正做到节约用水。

冲水便器排污方式	冲水便器排污出口
虹吸式	前置式垂直下排水
冲落式	后置垂直下排水
喷射虹吸式	水平后（侧）排水
漩涡虹吸式	
无水封直排式	

2.3.2 冲水便器与水箱

冲水便器系统的核心是便器。现代便器可以做到舒适、方便、美观、卫生和低噪声，便器的用水量也不断减少，由最初的每次用13~19升水（现在已经淘汰的产品）发展到现在每次用6升甚至更少水量。

制造便器的材料最多的是釉面陶瓷。高温烧结后形成的玻化瓷吸水率小，硬度高，光洁耐擦洗，尤其是在虹吸管内壁涂了釉的产品更有利排污，不易挂脏，因此节水。低温烧制的产品质量较差，釉面疏松易划伤，尤其是长期浸泡的水封部位还容易被腐蚀，特别容易挂脏，冲洗时就费水。陶瓷产品的不足是笨重易碎，主要用于住宅及公共建筑等固定场所。用不锈钢板冲压制作的便器使用效果也不错，这种便器轻便且不易破碎，主要用于经常移动的交通工具（如飞机、火车、汽车、轮船等）上面，不锈钢表面光洁顺畅，只需很少洗涤剂即可以冲洗干净，但制造和使用成本高，一般此类场所的污物采用就地收集方式，不用管道输送。

图2－3 低悬挂式水箱和普通虹吸式坐便器

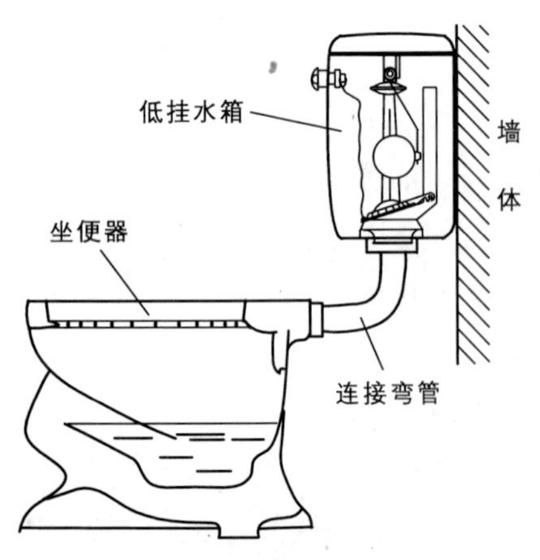

在公共场所使用最多的是蹲便器、沟槽式小便池或单体式小便器，为了增加舒适程度、提高档次，一些公共场所也使用了坐便器，需要解决的问题是如何避免交叉污染。

早期建设的普通住宅楼里还有使用高位水箱蹲便器的，现在住宅使用最多的是连体式坐便器。便器排污口和输送管之间的衔接是否光滑顺畅，会影响到便器的使用效果和用水的多少。

普通坐便器以冲落式和虹吸式使用得较多，也有采用旋涡虹吸式。经过近年的研究和实验并按照现行的模拟固体物检测方法（不是通过实际应用检测），冲落式坐便器排污管较粗，比较容易达到 6 升水的要求。但这一产品存水面积偏小，侧壁容易挂脏，使用时也易散发异味。虹吸式坐便器充分利用了虹吸的抽排作用，排污能力较强。

根据使用环境的不同，坐便器有下排水的也有后排水的，水箱有挂箱的也有坐箱的。

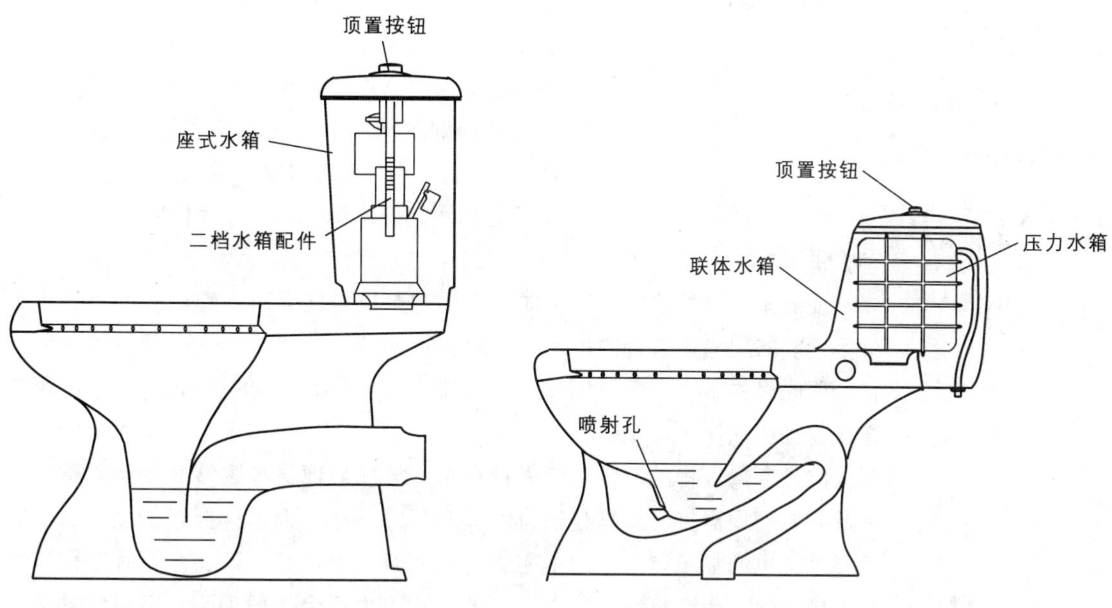

图 2-4　座（水）箱后排水冲落式坐便器　　图 2-5　座（水）箱下排水冲落式坐便器

为提高排污能力、降低噪声，还有喷射虹吸式和旋涡虹吸式两种坐便器。喷射虹吸式便器在每次排污时，除了由坐圈下面出水口沿壁向下冲洗外，还在便器的底部，对准虹吸管口的地方设计了一个喷嘴，该喷嘴正好对准排泄物喷射，可以对排泄物起到击碎和引射的作用。图 2-5 中坐便器的水箱是一款密闭的压力式水箱，可以利用给水管网的压力提高冲洗水的势能，减少耗水量，但因管网存在安全隐患以及价格较贵等问题，还没有得到更广泛的应用。

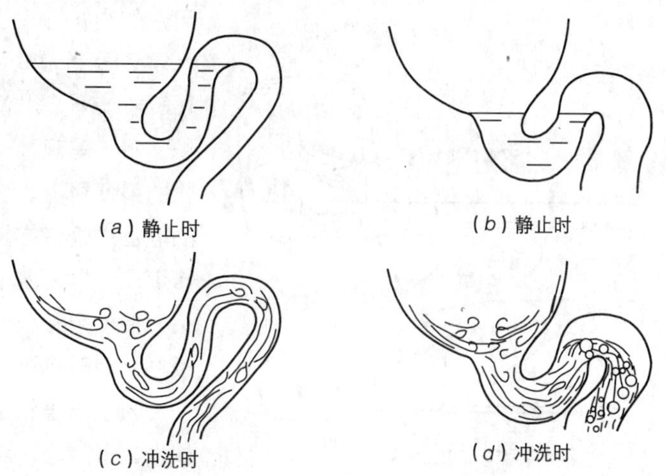

图 2-6　虹吸与冲落式便器及其工作原理示意图

旋涡虹吸式连体水箱设计得很低，储水量也比较少，底部设计一个较大的出水口，冲水开始时水箱的水沿左（右）旋切线方向很快流出，形成一个大的旋涡，由于水位低，势能小，这些存水并不能全部完成一次冲洗工作。随着水箱水位的下降，进水阀启动，进水阀有两个由浮子控制的进水管，分别称为

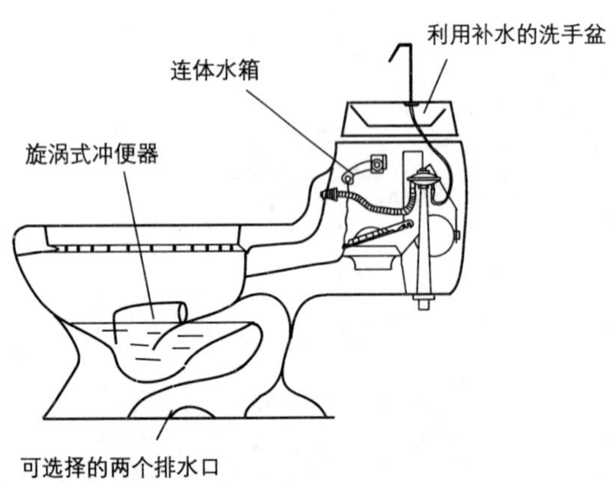

图 2－7 旋涡下排水（双排水口、附洗手器）

补水管和冲水管。补水管负责向水箱补水，冲水管利用管网的压力水给到便器的上圈，继续完成冲洗工作，直到水箱的水进满为止，通过冲水管浮子上面的平衡重锤可以调整冲水管流出的水量。这种便器噪声小，水箱里的水只完成部分冲洗，另一部分水直接来自管网的有压水，提高了水的势能，冲刷力强，且存水面积大，污物不接触器壁直接落入水中，较少散发异味，是一款使用性能良好的便器，一般均与水箱做成联体式。为了节约用水，有的水箱上面做了一个小洗手盆，可以利用补水洗手，洗过手的水流进水箱储存，供下次冲水用。

便器排污口的位置，往往成为选择或更换坐便器时用哪一款产品的决定性因素。如果与建筑物的排水管口位置不配套，就需要改变坐便器的安装位置，因此有的下排水便器制作了多个排出口，安装时可以任选一个，以便与建筑物预留的排水口相对，给安装带来方便。在建材市场里还可以买到一种塑料的乙字弯一样的配件，它做得很扁，放在坐便器与建筑物的排水管口之间起到协调便器排污口与建筑排水口对正的问题，但这样要增加坐便器的安装高度，也增加了排出污物的阻力，因此效果也不是太理想。医院等需要大便取样方便，也有将便器底做成平的，它不太适合一般使用，容易散发臭味和浪费水。

上面几款水箱与便器成套的产品，着重点是便器本身的排污结构与特点。但便器水箱内的配件并不是一成不变的，只要水箱容纳得下，预留的孔位方向大小合适就可以互换。

水箱也是冲便系统当中的一个部件，之所以要设置水箱，根本的原因是解决每户给水支管较细（受到房屋工程造价的制约），瞬时给水量达不到便器所需冲水量的问题，另外还可以避免对同一管网内其他用户的影响（发生降压等问题）。按照安装位置的不同，水箱可分为高位水箱和低位水箱。高位水箱一般装在 1.8 米以上，水位高，压差大，冲洗强度高，但不便检修，不太美观，一般多用于公共场所或早期建造的建筑物的蹲便器上。与坐便器连为一体，或挂在坐便器旁边的墙上或暗装在墙里的低位水箱简洁美观，适应现代装修潮流，但压差小，冲洗强度弱。为了提高冲水的压力，又方便使用和检修，也有挂在 1～1.2 米高的中位水箱，条件允许时应该首先选用这一方式，有利于节约用水。

图 2－8 连体二挡冲水式水箱和平底虹吸式多排水口式坐便器

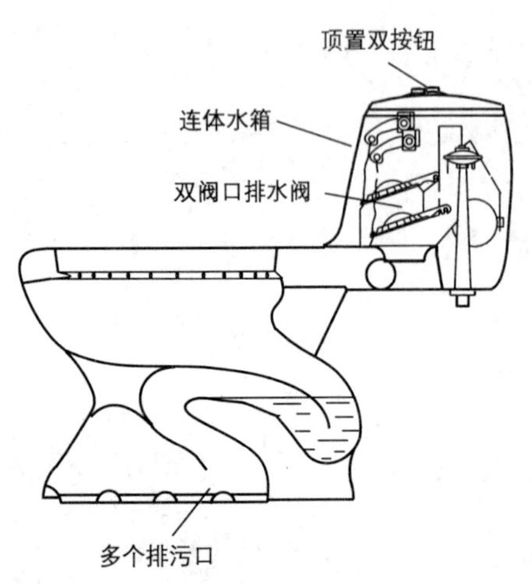

为了与坐便器配套，多数水箱也是用陶瓷制造，体积也越来越小，总容积一般都在 15～25 升之间，个别也

有用塑料或金属材料制作的。如果当地的水压足够高（0.1 兆帕以上），进户给水支管口径也够大（DN20 毫米～DN25 毫米），就可以简化这一套给水装置，安装一个大便冲洗阀。

2.3.3　水箱配件

水箱配件主要指的是完成便器冲水过程的进水阀和排水阀，这两个阀门都是属于机械式自动阀门。对水箱的进水阀总的要求是可以通过人工设置，使水箱内总保持一定的水位（水量）；对排水阀的要求是一旦排水阀打开，自动到位，开到最大，直到水位下降到一定位置时快速自行关闭。水箱配件多用铜、不锈钢、塑料等耐腐材料和橡胶材料制造，使用劣质材料或偷工减料容易使水箱配件老化损坏，封闭不严，时常发生漏水。于是人们的认识进入一个误区，好像这两个阀门本身不做得特别复杂就不能克服漏水，其实过于复杂的机构更增加了防漏的环节，也就更容易发生漏水。

对进水阀的基本要求是：方便安装和拆卸，活动部件灵活无卡阻现象；具有方便调节有效水量的机构；溢流管必须高于有效工作液面 20 毫米；进水阀应有有效的防虹吸装置，否则进水管的出水口应高于溢流管 20 毫米；进水阀应有补水管，其补水量必须满足水封的要求；要保证通过不低于 0.9 兆帕（合格品）强度试验和 0.6 兆帕（合格品）密封性试验；在 0.05 兆帕压力下最大（13 升）进水时间不得大于 250 秒；补水噪声要小。经过多年的实践，人们开发出了浮球直接作用式、小孔先导式、弹簧压力平衡式、水压平衡式等多种不同的式样，其中弹簧压力平衡式已经停止使用。

浮球直接作用式阀有较好的抗污性能和自洁能力，但在当地管网水压较高时，需要的关闭力矩大，浮球必须要做得比较大，否则容易发生漏水。过大的浮球和较长的杠杆在水箱里活动不便，有时与排水机构干扰，常有卡住的情况发生漏水。在低位水箱配件中，现在已经较少使用。

小孔先导式浮球（浮筒）补水阀可以利用水压自封，浮球（浮筒）可以做得较小，能适应缩小的水箱，是目前应用比较广泛的一种产品。但该阀的不足之处是结构比较复杂，还有一个针孔大的（先导）小孔，水中细微的杂质堵住小孔，就会使进水阀失灵，造成进水不止，水从溢流口进入便器，造成浪费。

弹簧压力平衡式补水阀体积小巧，不用浮球，曾经用得很普遍，有的旧水箱上还在使用。由于这种阀门必须安装在水下，一旦发生故障有可能污染自来水管网，现在已经明令淘汰，限制使用。水压平衡式补水阀的工作原理与弹簧压力平衡式有些相似，是为了解决进水口埋在水下的问题而开发的产品，这种阀取消了弹簧并把出水口移到了水面以上，它有一个取压管，可把水位转化成控制关阀的压力，关闭进水、调节取压管高度即可以控制进水的多少。以上两种补水阀是由小孔先导阀派生的产品，对水质的要求比较高。

排水阀的基本要求是：9～13 升有效水量时，优等品、一等品、合格品的排水量分别不得小于2.0升/秒、1.8升/秒、1.5升/秒；一次总的排水量不得少于3升；维修方便，零件互换性好；在 50×10^3 个循环中不得出现故障。排水阀都是利用水箱的水压使阀瓣抵紧在排水口上，这一抵紧力过小，不太有利封严排水口，于是开发了弹簧压紧和液压式水箱排水阀。液压式水箱排水阀是利用自来水的给水压力使阀瓣抵紧在排水口上，大大增加了抵紧力，这对防止渗漏有好处。但这种阀门在水箱内多了液压传递管，增加了数个渗漏的环节。这些管一般采用塑料制造，长期浸泡老化变硬，会影响使用寿命。该阀结构比较复杂，加工要求精密，成本高，销售价格就更高。

水囊式排水阀利用橡胶弹力使阀瓣抵紧排水口，增加抵紧力，还可以可以根据提拉的多少，主动控制排水量。

早期在高位水箱上使用的虹吸式配件，是一种无阀口的排水阀，它的使用条件是水箱高、压力大，较细的排水管也可以保障必须的冲洗强度，以后还发展了一款软管倾斜式虹吸口，只是软管容易老化，不容易保持一定弹性。这一技术用于低位水箱时就不太理想，主要是水位差小，排水管较粗，影响了虹吸的形成，以后曾改进为双进水口式，效果也不是很好。从工作原理来说虹吸式排水应该是有优越性的，它没有阀口漏水问题，机构最简单，制造容易，维修方便。

2.3.4 污水输送管

污水输送管也是冲便器系统的一个组成部分，它对于减少坐便器用水量也有很大的影响，过去较少引起人们的关注。以前的污水输送管采用砂型铸造的铸铁管，石棉灰承插接口，管节短，内壁粗糙，死角多，阻力大，必须使用很多的水才能将污物输送到污水干管里去。近年我国大力推广的塑料管，内壁光滑，管件连接阻力小，但排水的噪声大，尤其是在我国北方，排水管都安装在室内，这会影响人们的生活，即使采取了一些隔声和消声的措施，但效果还不够理想。使用精铸的长节铸铁管，管件顺滑，接口柔性，死角较少，既可以减小污水输送的阻力，又可以降低噪声的污染，还可以减小火灾带来的损失。

一旦房子建好，排水管是不好随便更换的。采用节水坐便器时一定要因地制宜，细心调试，科学节水，不可以盲目减少用水量，以免造成其他后患。

总之要想把坐便器每次的用水量降低到标准要求的6升水，应统一考虑组成便器系统各部件的协调与配合，使便器能够顺畅排出污物，并且恢复清洁的水封。只缩小水箱体积、改动水箱配件是达不到节水要求的。

2.3.5 节约便器用水的一些技术措施

由于便器漏水和用水效率不高，浪费的水量是很大的，几十吨上百吨的净水在人们没有察觉之前就可能流入了下水道。我国在1987年和1988年明令淘汰上导向直落式排水结构的低位水箱配件。这一落后产品主要存在的问题是：

1. 直落式球塞的直线运动与把柄挑杆的弧线运动不统一，使球塞的导杆变弯卡在支架上或球塞复位不正导致漏水；

2. 进水系统无防倒虹吸（无防水污染）装置；

3. 进水噪声大（ >60 分贝），无补水装置。

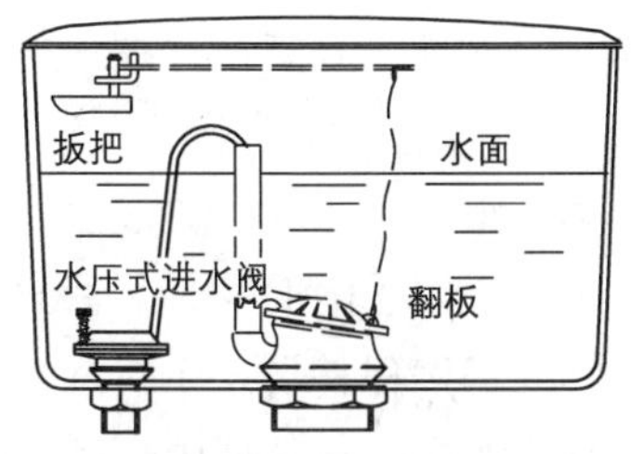

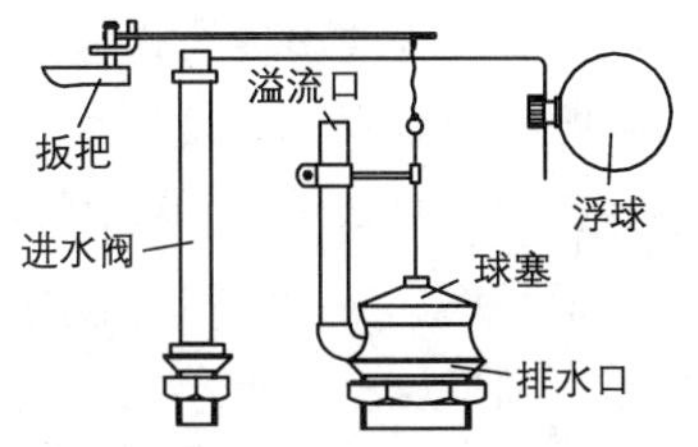

图 2－9　淘汰的水龙头及配件

现在排水阀使用最多的是翻板式，可以自动定位，基本克服了排水阀漏水的问题。用作翻板的材料应该比较考究，较硬时不容易做到与排水口紧密配合而漏水，过软时又很容易被水压迫变形，也会造成漏水。阀瓣目前大多是用橡胶材料制造，由于选用的材料不好或加工的工艺不对等原因，在水中浸泡时间长了（例如一年）就会老化，尤其材质软的产品更容易老化。前些年市场上出现一种防漏的配件（克漏阀）就是因为采用了非常柔软的胶膜但不能解决老化问题，很快就退出了市场。早期的排水阀都是设计成一箱水排完以后才能自动关闭，不能减少或中途停止排水，不符合节水的要求。现在制造了两档排水阀和可控式排水阀，能够根据实际需要减少用水量。这些改造都可以取得一定节水效果。

现在介绍三种两档式水箱排水阀的结构：第一种是双阀口式，一个阀口在上，一个阀口在下，需要整箱水时打开下面的排水口，需要半箱水时打开上面的排水口。

这一方式还保持了原来自动排水阀的特点，无论是整箱水还是半（部分）箱水，每次水量都是固定的，所用的翻板配件也是通用的，不足之处是增加了一个排水口，增加了一个漏水的环节。

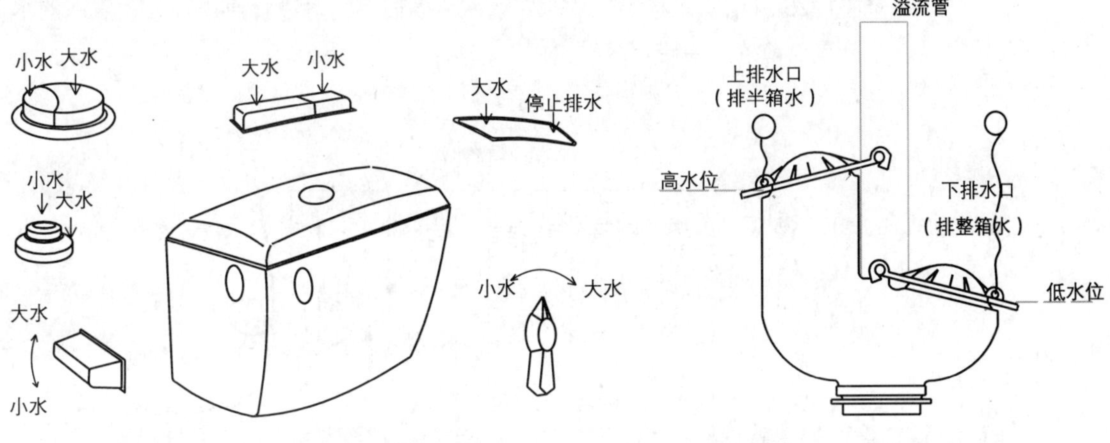

图 2－10　两档式水箱开关的几种形式

图 2－11　双排水阀口配件

第二种是可以随时停止排水的排水阀。该产品除了具有一般配件自动排一箱水的功能以外，最大特点是可以人为控制排水，使用时如果不需要用整箱水，可以随时关闭排水阀，停止排水，但由于中途需要手动关闭，手不能离开，要观察坐便器是否冲净了，带来一点小小的不便。由于人工控制排水只能控制将可见污物冲出便器，但无法确保冲入排水立管，存在一定的安全隐患。但随时关闭排水阀可以节约用水。

第三种是在打开排水阀的机构上增加了一组杠杆和浮子等装置，并引出两个控制手柄（钮），一个控制排水阀以原来的方式和速度关闭，另一个使阀快速关闭，达到只放出半箱水的目的。该方式仍然保持了一个排水口，但控制机构变得复杂，给维修工作带来一定的难度。在这一类型中也有简易的产品，如在原配件的基础上设计了两个控制手柄（钮），一个动作幅度大，能够完全打开排水阀，自动排出整箱水，另一个有限位，动作幅度小，扳（按）动时排水阀开，松手阀就关，可以随意控制排水量的多少，但手不能离开扳把（钮）。

还有一款国外开发的低位水箱配件，虽然技术上还有待完善，但很有特色，它可以根据坐在便器上的时间长短，完成水箱进水多少的选择，坐时长排水多，小便坐时短排水少，不必由人去判断选择按哪个钮或看着排水过程。它的工作原理是在一个较大的倒置开口浮筒上面引出一个微小的排气管，通到坐便器坐圈下面安置的一个小放气开关上，平时放气阀借助弹簧力密封不排气，浮筒内容纳的气体多，浮力大，进水到一半时就关闭了，因此只排半箱水。当坐着大便时一般要超过 3 分钟，排气阀受压开始排气，浮筒浮力降低，继续进水，直到进满一箱水为止，这时再冲水就是整箱水了。

在现有坐便器系统的基础上，调整坐便器为最节水的方式。

1. 首先应该治漏；

2. 判断目前坐便器每次用水量多少升；关闭水箱的进水阀（八字门、角阀），按照正常使用排水一次，再用一只已知容量的桶（例如洗干净的 5 升油桶、1.25 升的可乐桶等）向水箱灌水，到旧有的水线（痕迹）处，灌入的水量就是目前的坐便器用水量。

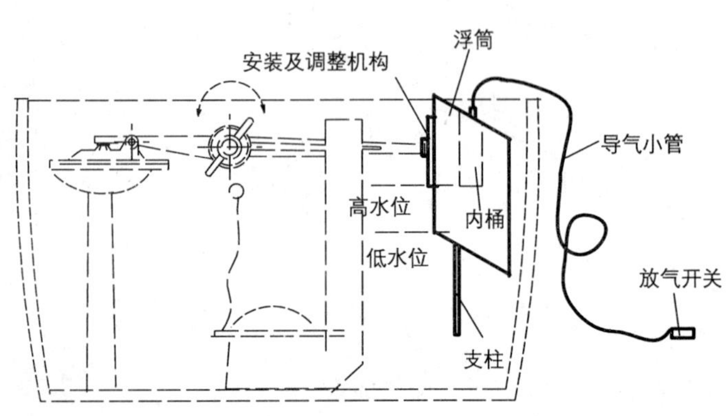

图 2－12　根据坐便时间自动分档的水箱浮筒

3. 如果一次用水超过10升了，就应该调整浮球（浮筒）阀，减少每次的进水量，每调整一次不要减少得太多（例如1升）。使用一二周后，如果冲水效果很好，以不发生重复冲洗为限（一次冲不净，需要再次冲洗），还可以再一次减少进水量。对于旧的虹吸式坐便器每次用水不宜少于6～7升。如果每次都得10升以上，且冲洗效果还不好（冲不净、挂脏，要二次冲水等），就要考虑更换新的坐便器了，更换时一定要把排污管道疏通检修好。

符合要求的水箱配件，都应具备调整进水量的功能，可以做到在一定范围内控制进水的多少，且能长期工作有效。目前使用较好的产品有曲臂式水位调整机构、滑动球式水位调节机构和簧片锁紧式水位调节机构三种。

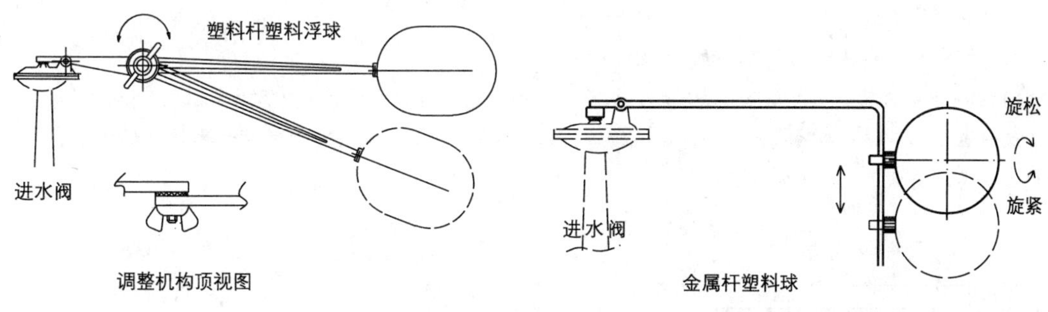

图2-13　曲臂式水位调整机构　　图2-14　滑动球式水位调节机构

近些年关心节水的热心群众创造了一些在水箱内放砖块、水瓶、贴衬物的节水方法，以减少每次的冲水量，但不如直接调整进水阀浮球、减少一次进水量便捷可靠。尤其是水箱体积较小时，放进东西，有时会干扰进水阀、排水阀的工作，使得水箱工作不稳定，反而会浪费水。对于旋涡式坐便器，由于水位本来就很低，不宜采用调节进水阀减少进水量的方法节水，经过实验，采用在水箱内放沙袋的方法效果比较好。沙袋可以比较好地占据水箱的下部凹下的空间，且不会干扰进水阀、排水阀的动作。对沙袋的要求是防水，长期在0～30℃的水中浸泡不损坏。沙袋体积以一升为好，参考尺寸250毫米×100毫米×50毫米，使用比较灵活，放入几袋就节省几升水。沙袋密封时要排除空气，沙子不要填装过满，保持柔软，不要有棱角，装袋的沙子最好经过消毒，起码应该是干燥的，以防止时间长了孳生霉菌，损坏包装袋，造成沙子漏出。当然这只是用于改造旧的费水水箱等设施，如果新建还是应该直接选择节水型的器具为好。

图2-15　簧片锁紧式水位调节机构

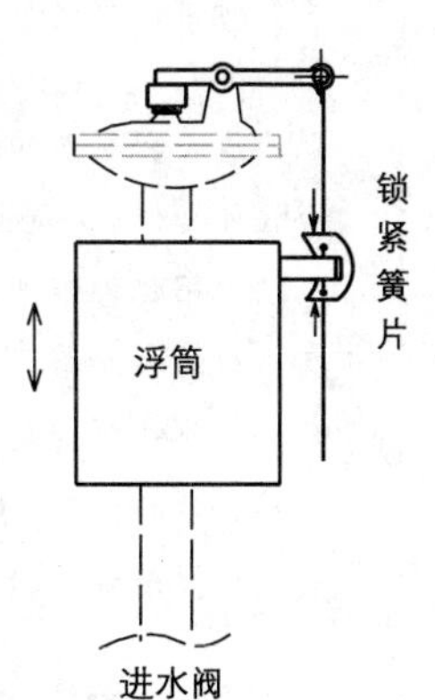

4. 除了减少每次的进水量以外，还可以采用手控的方法随时终止排水来节约用水。本来翻板式的阀瓣具有自动调整重心、自动定量排水的功能，加装限位挡片（俗称节水器）使其不能抬高到全开的位置（相当去掉自动关闭功能），就成为一个手控的排水阀了。用多少排多少，比每次都用整箱水要节约一些。

当前使用的标准，对坐便器内的存水只规定了水封深度，有的坐便器水封根本就不在坐圈投影范围之内，污物粘在干的器壁上，暴露在空气当中，影响了卫生间的空气环境。存水面积小，存水深度浅达不到卫生要求，也不利于冲洗，根据实践经验。存水区（坐圈的正投影下方）的长边不应该小于200毫米，短边直径不应该小于150毫米，80%的存水区域深度不应小于50毫米（水封面积：100×85mm，GB/T 6952－2005）。

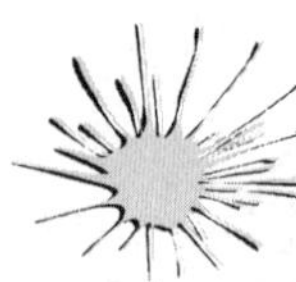

参考阅读：便器漏水检修

便器是我们每天都要使用的器具，经过长期使用难免会产生这样或那样的故障，我们应该掌握一些有关的检修常识。

自己家中的便器发生了漏水问题怎么办？

（1）判断便器漏水：大漏很容易发现，微漏不容易观察，可以向便器后内壁水面上方一点的位置，滴一滴墨水，画一条墨线或放一点高锰酸钾微粒，如果有渗漏就很容易看到色水被冲洗的流痕，但要注意墨水自然下流与渗漏的区别。

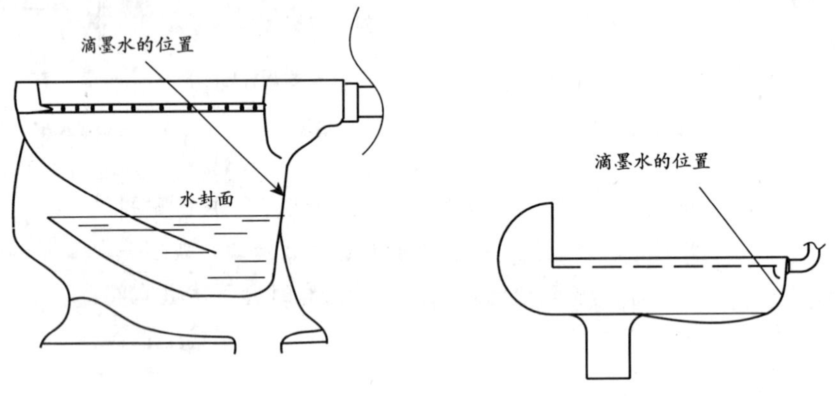

简便的检漏方法

（2）如果已知水箱漏水了，可以打开水箱盖，检查是给水阀关不上还是排水阀漏水，是偶然漏水还是配件损坏，是否可以修复。

（3）确认配件不能修复的，应该更换新的配件。更换的注意事项是尽可能使用原形式的配件。如果没有，可以配用其他形式的，这时要注意与水箱的配合，包括新的配件扳把（按钮）与水箱上的扳把孔大小、安装位置是否一致（一般有箱体侧扳、侧按、前脸侧扳、侧按、顶盖按钮等），水箱内能否容纳新的浮球，浮球与排水阀有没有干扰（浮球落下时不妨碍排水阀关闭，浮球抬起时不会挂住翻板），盖上水箱盖妨碍不妨碍扳把的运动等。

水箱配件不便于部分修复和更新的就要整体更换水箱和便器了，此时要注意的是新换的坐便器排水口的方向与墙距是否合适。

目前建材商店出售的坐便器大部分都标为6升水，这是一种商业行为，不足为凭，要确认是否经过科学的检测。6升水不是孤立的说水箱、水箱配件或便器，而是对整个系统而言的，只一个水箱或配件是6升水是不行的，低于6升的产品要慎重选用。

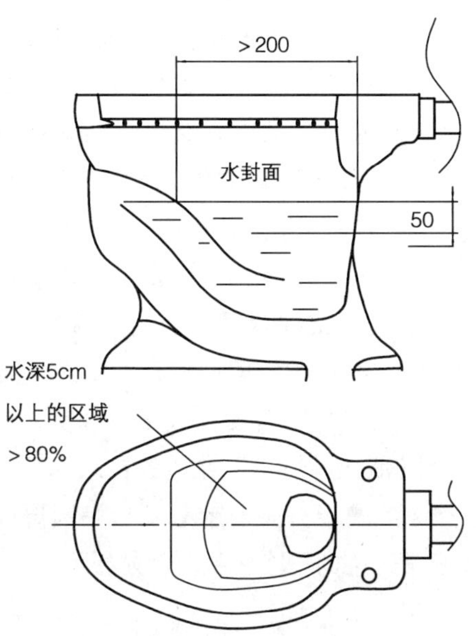

图 2－16　坐便器存水图

2.4　控制阀门

这里讨论的阀门仅限于为了保护给水器具，安装在自来水管网末端，控制一个单元或一户用水以及安装在给水器具上游的各种阀门，这些阀门起着截断、调节、防止逆流、降压等作用。一般口径为 50 毫米的水管可以满足一个单门用水，25 毫米的水管可满足一户用水的需求；卫生间冲水便器采用自闭冲洗阀，口径不宜小于 20 毫米（6 分）。

安装在水表前进户支管上的阀门，作用是方便检修或更换本户损坏的给水器具，多选用铸铁闸（板）阀，日常很少关闭，也少检修，多为虚设。现在楼房越盖越高，虽然采用了分段供水的措施，但也难免上下层楼供水压力悬殊的情况，这时在压力高的地方应该加装减压阀，在压力低的地方应考虑加防倒流装置，压力不稳可以安装稳压阀、调节阀，存在二次污染时应加过滤器去除固体颗粒。

一般在阀体的侧面除了商标以外，还标有两个重要的技术参数（有些小阀门标在产品合格证上）。一个是阀的口径，用 DN 加一组数表示，数字后面隐去的单位是毫米；另一组参数是该阀的公称压力，即该阀允许使用的最高压力，用 PN 加数字表示，数字后面隐去的单位是兆帕。例如阀的外壳上标有 DN25、PN1，就表示该阀的口径是 25 毫米（1 英寸），公称压力 1 兆帕。在管网上使用的阀门，有的是老产品，标注代号不符合现行标准的要求，例如公称口径采用 Dg，隐含的单位也是毫米。

2.4.1　旋塞控制阀门

旋塞（译音考克，转心门、节门）使用的历史较长。旋塞的阀芯是一个横向有一长孔的圆锥体，插在有圆锥孔的壳体中就组成了一个最简单的旋塞（阀），壳体横向对应的位置加工有进出水的孔道，阀芯的孔与壳体的孔道相对，管路即通，利用手柄改变阀芯孔与阀体孔的相对位置，就可以达到调节流量和开关的目的。一般旋塞阀用铸铁或黄铜做壳体，用黄铜做阀芯。旋塞（阀）的优点是结构简单，容易制造，体积小，密封面有自补偿性，不容易损坏，比较耐用，也能适应有一些悬浮杂质的水。它的缺点是密封面积（摩擦面）大，开关费劲。没有压兰或锁紧母的旋塞阀阀芯很容易从阀体内脱出，不够安全。为了使旋塞能在有压的管网中使用，就必须要在阀芯的上端面制作压兰，或在阀芯的下端面（尾部）安装锁母及弹簧，锁紧密封面。这样的旋塞（阀）可以防止阀芯脱出，适用于城市的自来水管网。锁紧密封面的阀门开关会变得非常费劲，当需要开关时就必须松开锁母或压兰，所以这种阀门比较适用于不需要经常开关的管路控制，例如楼房单元门的给水立管节门，要比其他形式的阀门耐用。

在北方城市使用一种关闭后自动泄流的旋塞阀，作为每户自来水的进水总控制阀，开、关阀时需要先松开下面的锁母，阀芯旋转到需要的位置，这时阀门可能漏一点水，必须再锁紧锁母直到不漏水。关闭阀门时阀体侧面有一个小孔与大气相通，可以将下游的水放净，具有一定防冻性能。

2.4.2 球阀

球阀是利用一个有通孔的球在阀体内作水平转动，当通孔与所连接的管路对正时通水（打开阀门），再转动90°，通孔与管路垂直时闭水（关闭阀门），球与阀体（阀座）之间靠两个“O”型圈密封（目前使用最多的是聚四氟乙烯塑料）。该阀无论是全开或全闭时密封圈都是抵紧在球面上的，阀如果处于半开时密封圈会有部分处于悬空状态，时间长了密封面容易发生变形，当再次关闭阀门或进一步打开时常会损伤到密封面，造成阀的内漏水，因此这种阀门主要用途是做开关，不宜用来调节流量。密封圈与球抵紧的弊端是开关力矩较大，阀的通径越大，这一力矩也越大。因此阀芯球上端的导槽容易磨损，阀球不能正确定位，造成阀门打开、关闭不到位。制造阀球、阀杆的材料及加工精度要求较高，不锈钢最好，铜镀铬次之，铁镀铬较差，铁镀锌为劣质。球的表面加工要光洁像镜面一样，尺寸也要准确，这样才能保证球阀开关自如。球阀优点是构造简单，流通阻力小，安装时不必考虑方向，只需要注意手柄开关方便，缺点是不宜频繁启闭和做节流使用。另外该阀的密封或阀杆损坏时，必须要将阀体从水管上拆下来才能检修或更换，因此阀的上游水管必须停水才能处置。

选择球阀要注意球的孔径大小，孔的直径与对应的水管口径相同的称为等径球阀；小于对应的水管口径的称为缩径球阀。等径球阀阻力小，体积稍大，价格比较高，缩径球阀阻力损失稍大。

2.4.3 闸阀

闸阀是一种使用广泛的阀门，它是通过阀杆（上面有梯形螺纹）使一个扁圆形闸板在流体流动方向的垂直面移动并与阀口相对位置改变，以达到控制流体的目的。这种阀门的密封关键是在阀门关闭时，闸板的两侧必须与阀口处处密合。闸板可分为平行闸板和楔形闸板，楔形闸板磨损时可以自动补偿，使用寿命相对较长。

以往的建筑中常用 DN25 毫米或 DN20 毫米的铸铁闸阀做进户控制阀使用。采用钢材制作阀杆，容易产生电化学腐蚀，即使阀门长期不用（没有开关的磨损），阀杆的螺纹也会严重锈蚀，造成闸板脱落或锈蚀在一起的故障，这样阀门形同虚设，用时既打不开也关不上，提倡使用优质全铜材质的阀门代替铁阀。

闸阀的优点是开关力矩小且缓和，不易产生水击，流通阻力也较小，一旦阀杆或阀瓣损坏，阀体没有损坏时，只需找到同一型号（最好是同一生产厂的产品）的阀杆阀瓣更换即可，不必从管路上拆下来。闸阀的结构是全对称的，因此安装时不必考虑阀的方向。

2.4.4 截止阀

截止阀的阀口轴线与流体方向一般呈垂直状，它利用阀瓣与阀口之间开启的狭缝控制水的流出，这样水可以不断冲刷阀口和阀瓣，不易受到水中杂质的影响。

从理论上说，阀瓣离开阀口的距离为阀口直径的 1/4 时，阀的开启流通面积（帘面积）就与阀口面积相等了，阀门的流量达到最大。截止阀的结构决定了它比球阀和闸阀的阻力都要大一些，为了减少阻力损失，也有把垂直角设计成 30°或 45°的 Y 形截止阀，还有利用安装位置上的特殊性，把整个阀体做成直角形的，例如角阀（八字门）、消防栓。

有的截止阀在阀瓣与阀口之间加上弹性的垫片，使阀瓣与阀口容易密合，但弹性垫片的耐磨性不如金属好，因此弹性垫片属于阀门的易损件，应该选用容易更换并且有备件的产品。阀门使用温度 80℃以下的，垫片采用橡胶材料，80～200℃采用聚四氟乙烯塑料。

另外还有活阀瓣结构的截止阀。所谓活阀瓣结构就是阀瓣与阀杆不做刚性连接，阀瓣只受阀杆传递的压力抵紧在阀口上，阀杆提起时阀瓣受流体压力作用而脱离阀口，这样的好处是可以使阀瓣自动均匀地抵紧阀口，防止下游的水倒流污染管网。

截止阀开关可靠，并可作节流使用。与球阀、闸阀相比，截止阀的缺点是流通阻力较大，密封力是由人为外力控制，关闭时拧力过大，容易造成阀门过早损坏。它也可以方便地更换阀瓣。截止阀安装有方向要求，一般在外壳上标有箭头，水流方向要与其一致。

2.4.5 隔膜阀

隔膜阀是为解决一般阀门的阀杆穿过壳体控制阀瓣而造成泄漏问题而开发的产品，最早用于绝对不可泄漏的有毒有害腐蚀性流体上。隔膜阀结构特点是用一个柔性的膜（一般是橡胶膜）将流体与阀杆隔开，解决了漏水问题，阀杆也不容易受到流体的腐蚀。作为密封的膜片，周边要固定在阀体上，中间要能上下活动，使用寿命受到旋转力作用的一定影响。为了解决螺旋升降式水龙头、脚踏淋浴阀的上密封漏水问题，利用隔膜阀的工作原理，开发了一种利用弹簧压力关闭、直提开启的阀门，避免旋转力的破坏作用，大大延长了阀的使用寿命。

2.4.6 止回阀

止回阀是一种自动阀门，它可以防止输送出的水回流，因为一旦发生回流就有可能造成给水系统污染，是安全和浪费的一大隐患。

止回阀的工作原理是：水正向流动时，阀瓣由于上下游的压差克服阀瓣的重力或弹簧力抬起，开启阀门，一旦管网内失去压力（管路停水检修、水泵停止工作、管网爆裂、火情需要大量从管网抽水）支管的水压有可能超过管网的压力，阀瓣就会借助重力或弹簧力以及水的反向压力将阀门自动关闭。常用的止回阀有两种类型，一种是弹簧压紧式，优点是可以在管路上任意方向安装；另一类是利用重力的升降式和旋启式，结构简单，一般需要水平安装。安装止回阀时需要特别注意安装的方向，水流方向一定要与阀体外侧标识的箭头方向一致。

2.4.7 过滤器

过滤器是为了去除因长距离输送和存储过程中水里混入杂质安装的。另外也有一些是因为复杂的给水器对水质的要求较高，一个小沙粒就可以使阀损坏漏水。现在设计比较考究的给水器具，在入水口处就加装了保护滤网，但这种滤网起的作用有限，且不好清理，因此在进户管路上安装过滤器就很有必要，尤其在新建的居住区就更有必要。对过滤器的要求是有效、便于清理、对水的阻力小。现在有一种过滤器体采用橡胶制造壳体，还可以减少水管的振动及噪声，可以起到双重作用。

选择过滤器除了口径以外，还要注意滤网的目数。目数是指在单位长度内所具有的孔数，目数越大，滤网越细，但对水的阻力也越大。为了克服这一缺点，要把滤网面积做得大一些，但是滤网大了刚性不好，过滤器容易受到水的冲击损坏，造成内部漏水。这时，就可以用一个目数小、刚性强的网做骨架把细网撑起来，这是较精密的过滤器做成双层网的原因。在给水支管上经常使用 40 ~80 目的过滤器。双层网的过滤器，细网应该放在进水的一侧，每次清理滤网后安装前应该打开阀门冲洗一下管路，再将滤网对正进水口装好。

2.4.8　减压阀

减压阀是为了保障用水器具在正常的给水压力下工作。水网压力过高除了会损坏用水器具、减少产品使用寿命外，还会增加流出的水量，不仅不利于节约用水，有时还会产生噪声污染。

为了给水管网范围的扩大、输送水管的延长以及因为楼房的兴建而产生的高度差异，都会采用提高给水始端压力的方法，保障最不利供水点（最远处、最高点）能够得到充足的给水，这样就会有大范围的供水区域是高压给水的。为了使给水器具能在合适的供水压力下工作，就应该进行局部减压。减压阀就是能够完成减压工作的阀门。普通阀门也可以起到减压作用，不过效果不好，它只能减少动压不能减静压，另外减压效果也不稳定，用水量大时压力减得多，有可能影响到用户的用水，当用水量减少时也减得少，不用水就不减，因此这种方法不能完全克服高压带来的危害，只能是有所改善，而且长期用普通阀门作减压用，会损坏阀门。当遇到情况需要关闭时，可能会漏水。为了不损伤阀门或防止无关人员调节阀门，采用安装孔板的方法减压，效果和调节阀门减压差不多。

要想达到减压的目的，尤其是在支管线上，要服务于多个给水器具时，就应该安装专用的减压阀。减压阀区别于孔板或普通阀门，它可以基本保持阀后的压力稳定，在流量发生变化时可以自动调节阀口的开度。专用减压阀也有只能减动压不能减静压和动静压都能减之分，减压阀还分为比例式减压阀和直接动作型减压阀。比例式减压阀是按照进口压力的大小，以一定比例减压的，在使用范围内它的减压大小只受进口压力控制，不可以调整。例如 2 比 1 的比例式减压阀，当进口压力为 0.5 兆帕时，减压后就是 0.25 兆帕，进口压力为 0.3 兆帕时，减压后就是 0.15 兆帕，因此它只适宜用在压力比较稳定的管路上，进口的压力波动大，减压后压力波动也大。直接动作型减压阀的使用效果较好，它可以根据事先设定的压力减压，当用水端停止用水时，它可以控制住被减压的管内水压不升高，这就是减静压的作用。

2.5　其他用水

2.5.1　洗衣机

洗衣机是生活中普及率较高的用水器具，使用率很高，耗水量较大。我国由三十年多前开始制造洗衣机，到现在已成为世界洗衣机的生产大国，全世界的著名品牌及品种都在中国落地生根。1994 年欧盟国家提出了产品分档或称“能效等级”概念，对洗衣机的能耗按照量化指标进行了科学严谨的等级划分，并且将这项标准在欧洲强制性推广，逐渐为消费市场及众多国家所接受。我国根据需要，将这一标准消化吸收，在欧盟产品分档的基础上，减少了分级，增加了项目：

分级：国际先进、国内先进、国内中等、国内一般，分别用 A、B、C、D 代表（欧盟分七级：A、B、C、D、E、F、G）。

项目：洗净比、用电量、用水量、噪声、（脱水）含水率、无故障运行次数（欧盟分三项：能效等级；洗涤性能；脱水效果）。

我国生产和使用的洗衣机主要有波轮式和滚筒式两类，两者各有利弊。滚筒式较波轮式大约省水 50%，但费电增加一倍；波轮式洗净度较高（不是洗净比），但对衣物磨损较大。

洗衣机节水主要是从三个方面入手。一是要根据洗衣的多少确定用水量。早期的洗衣机，洗多洗少都是满桶水，现在新的自控洗衣机可根据洗衣量多少控制进水，减小内外桶的间距也可以减少用水。二是利用超声波、臭氧、电解水、加强水流的喷淋及循环冲洗作用、改变洗涤程序、提高转速等物理方法，提高洗净的效率，减少耗水。三是提倡使用低泡、无泡洗衣粉及减少水体污染的无磷洗衣粉，这样可以大大减少漂洗耗水量并减少对环境水体的污染。

2.5.2 直饮水

水比较纯净并含有适量对人有益的物质，我们称为水质好，反之称为水质差。对于水质差的水，可以用物理或化学的方法逐级进行净化处理，直至变为纯净水，但这要以牺牲大量的原水和能源为代价。实际生活中，应该根据不同的使用要求，使用不同水质的水，这样才能达到节约用水的目的。将水质好的水污染了也是对水资源的浪费，越是水质好的水就越应该爱惜使用。

在人们生活用水当中，饮用水要求应该是最高的。为了保障饮用水的安全和质量，国家相关部门制定了标准并成为水厂生产饮用水的依据。

人们为了追求更高的生活质量，对饮用水也提出了更高要求，这样就出现了直饮水。直饮水的概念最初是用来与自来水相区别的，就是在局部区域内对自来水进行深度处理，再用专门管道输送到各户使用的水，桶装水、瓶装水等都属于直饮水范畴。为了不同的个性需求，这一类水还有矿泉水、纯净水、蒸馏水、矿化水之分。矿泉水是直接取自地下，它只存在于地球的局部区域，水内所含物质特别符合人的需要，直接取出可供人们使用。纯净水是人们用反渗透、电渗析等方法，去除自来水中的各种杂质所得到的纯洁水。蒸馏水是采用加热方式使自来水蒸发，收集水蒸气冷凝之后得到的比较纯净的水。矿化水是用纯净水添加各种对人体有益的元素勾兑的水。这些水的产出无一例外地要消耗大量能源，还要浪费一部分水（浓缩了杂质的水）。

参考阅读：该喝什么水？

矿泉水是指自然环境条件下地下涌出的泉水。矿泉水中的某些特定元素对人体健康有益，它最受人们欢迎，但毕竟资源有限，难以普及。另外，某些地区的矿泉水也存在一些问题。比如，广州的地下水中含有的钠离子、氯离子偏高，水的硬度偏高。矿泉水中有一种非常珍贵的水，就是天然苏打水，它是天然的饮用弱碱水，可帮助人体调节酸碱平衡。但是，世界上天然苏打水非常罕见，仅在欧洲、日本、美国等地发现为数不多的几处，因此价格昂贵。我国也在黑龙江省克东县发现了天然苏打水。由于天然苏打水资源有限、价格昂贵，聪明的商人又开发出人工添加的苏打水，就是在纯净水的基础上，添加小苏打和其他矿物质，制造出人工弱碱水。山泉水也属于矿泉水的一种，亦称天然水，是取自环境清幽、无任何污染，具有稳定的pH值、水温，以及对人有益的矿物质和微量元素的地表水、泉水、自然井水等等，经过深度过滤、消毒加工而成。

目前市场上销售最多的是纯净水。纯净水是符合生活饮用水卫生标准的水为水源，采用蒸馏法、去离子法或离子交换法、反渗透法及其他加工方法制得的、密封于容器中，不含任何添加物、可直接饮用的水。纯净水资源丰富，目前市场上销售的桶装水绝大多数是纯净水。一度流行的太空水，来自日本、韩国的离子水以及后来出现的富氧水等等，都是纯净水。纯净水的最大优点是有效去除了原水中的细菌、病毒、重金属及有机污染物，有效避免了人体饮用自来水时受到的伤害。但是，纯净水在加工过程中，不仅滤去了有害细菌和杂质，也滤去了有益微生物和微量元素钙、镁、氟、硒等等。有专家认为，长期饮用纯净水，人体内的矿物质供求会失去平衡。针对纯净水不含矿物质、微量元素问题，商家又开发出一种新型饮用水——矿物质水，就是在纯净水的基础上，添加少量矿物质制成。纯净水面临的主要问题仍然是卫生指标问题，许多仓促上马的企业没有像样的净化装置，不能有效地把细菌和杂质过滤掉。

专家认为，如果当地自来水真正达到了国家卫生标准，就没必要非得喝高价的纯净水了，在烧开自来水的过程中，既杀灭了细菌，又让一些杂质沉淀，既安全又实惠。

2.5.3　洗碗机

洗碗机可以使人们不再为饭后的洗碗犯难，它解脱了部分体力劳动，但也是一个耗水的器具，一般要比人工洗涤用水多，虽在我国已经问世多年，但一直没有普及，原因是不太适合我国的饮食习惯，很难适应洗涤我国家庭的所有锅、碗、盆、瓢。在目前水资源紧缺的情况下，不宜提倡发展使用这种用水器具。

2.5.4　洗浴、淋浴器和热水器

据粗略估算，洗浴要占城镇人口生活用水的1/3，而且随着生活水平的提

高还在不断增加。最基本的洗浴方式是淋浴。方便卫生、但没有自动控制关闭的简单淋浴喷头，是很浪费水的。实践研究显示，能够达到基本舒适淋浴的最少水量是7～9升/分，根据实际测量，有的宾馆饭店的喷头达到25～30升/分。因此应该采取措施（降压、节流、限量）减少水的浪费。淋浴时会有很多时间是不需要淋水的，应该及时让淋浴器停止出水，这一过程用手操作比较麻烦，如果采用机械或电子的方式自动开关淋浴器，就可以节省一半以上的淋浴用水。典型的机械式半自动淋浴器是脚踏淋浴器；典型的电子式自动淋浴器是主动式红外线淋浴器；插卡计费式淋浴器则更是把用水与个人的经济利益直接挂钩，这都是行之有效的节水器具。

人们追求舒适的洗浴方式，带有多个横向按摩喷头的淋浴房和按摩浴盆（池）就应此而生。这一方式较一般淋浴多消耗数倍的水，在水源紧缺的地区不应该提倡推广，并且一定要有过滤、消毒、循环水再利用的装置。桑拿浴是20世纪后期大量引入我国的一种洗浴方式，在电能充裕的地方推广可以起到一定的节水作用。

人们在洗浴时对水温的稳定要求是很高的，一般是用冷水与热水混合成温水使用。在调试过程中，水温不稳定，人们往往把这些水直接排入下水道，这不但浪费了水，而且浪费了热能。最早的淋浴器都是双门调节式的，一根冷水管一根热水管通过两个调节阀门进入淋浴喷头，由使用人自己调节自己使用，优点是可以自主控制水温，缺点是每次关水后都得重新调，而且会影响附近其他喷头的水温，调温的过程浪费的水很多，在喷头比较集中的公共浴室必须淘汰这种淋浴器。在公共浴室中，供应多数人能接受的温水是比较好的方案，不需要调节水温，适合为自动、半自动的淋浴器供水。

大量用冷、热水混合成温水，有两种方法。一是水箱混水（也叫静态混水），由专人负责用手动或电动阀门向高位（低位水箱需要再用水泵加压）保温水箱内注入冷、热水混合成需要的温水，再及时送到淋浴喷头使用，用此法混好的水不一定正好用完，当再用时水已经变凉了，这些水放掉是很可惜的。较好的混水方式应该是动态混水，边混边用，它的关键是如何保证在冷、热水温度、压力及喷头使用多少发生变化时保持输出的水温恒定。为了达到这一目的，现在已经生产出了自力式恒温混水阀和阵列式电磁阀混水装置以及电动阀式混水器等产品。其中自力式恒温混水阀对冷热水温度、压力的变化适用范围宽，而且不用外界的能源，具有断水自动保护功能，但它适应负荷变化的能力有限。电动阀式混水器适应负荷变化的能力较强，但对冷、热水压力差有一定要求，必须保持一定的正差值，要有一个较大的混合罐，每次启动时要浪费一些水，运行时需要电源。阵列式电磁阀混水装置与电动阀式混水器类似，但它是通过不同口径的阵列电磁阀逐级控制温度，控温的稳定性要差一些，安全性也应该引起足够的重视。

用燃油或燃气锅炉以及电锅炉加热水，可以根据对水温的需要自动控制加热，使出水温度保持一致。采用这样的系统供应洗浴温水也有一些矛盾需要解决，当锅炉比较小，浴室接近满负荷（淋浴器全打开）时，热水供应不足，可加装缓冲保温水箱，大小按浴室的喷头数量考虑，可按照每个喷头50～100 升设计，锅炉比较大时取小数，锅炉比较小时取大数。

热水器是为家庭提供洗涤（洗浴）温水的器具，开水器（水壶）是提供沸水的器具，早期的产品多数燃气加热，现在电加热的居多，而且功率越来越大。一般燃气输配容量较大，容易实现即热式，电加热受到输配容量的限制，应该优先考虑选用容积式的，电加热水器更加方便控制、清洁、卫生、少污染。从安全和节水角度出发这两种器具的选用原则是容积和功率够用即可，不必贪大，大了既费水又费能，一般三、四口人的家庭，即热式热水器应该选用 8～10 升/分的，容积式热水器选用 60 升的，电开水器（壶）可选 1.5 升的。暖水瓶经常要倒掉剩水，是一个很大的浪费，应该逐步淘汰。

2.6　流量的测定

流量的测定与节水有着密切的关系，节约用水工作的成效都要通过各种各样的流量测定来衡量，它是科学管理的技术手段和依据。水表在计量管理中发挥了重要的作用，且直接与广大群众利益相联系，我国计量法已将它列入依法管理的计量器具。

测量流量常用的方法有两类：一种是重量法（或由体积代替），就是测量一段时间内流出水的重量（体积），这种方法可靠、准确，适宜测量小流量；另外一种就是流量表测量法，主要测量大流量。

采用重量法检查淋浴喷头的出水量、比较节水水龙头的出水多少等，简单方便。具体做法是把在一定时间内收集到的水直接放在称上称量。这样做有时不太方便，可以换一种方式，采用量桶的方法，即用一个 20～30 升的大口提桶，放在磅秤上，向桶内放水，在放入 1、2、3……千克（升）水时（也可以 2 千克或 5 千克进位，视需要而定），分别用记号笔在桶壁上做好标记，用这只桶接给水器具的出水，同时用秒表（手表）计时，就可以测出流量。城镇居民使用最多的是旋翼式水表。

旋翼式水（流量）表根据不同的计数器工作环境，分为湿式表和干式表。湿式表的计数器和传递齿轮都浸在被测的水中，并起到润滑作用，但容易受到水中铁锈的污染，变得不易读数。干式表的计数器和传递齿轮密封，与被测的水隔开，读数较清晰。

旋翼式水（流量）表按计数器的形式不同，可分为指针式、机械

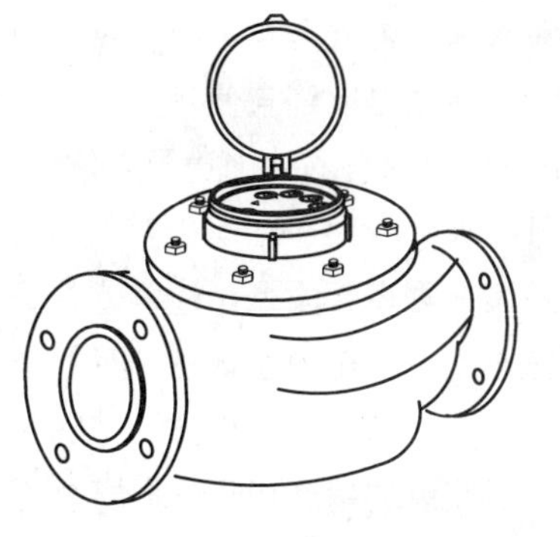

LXS大口径旋翼湿式水表

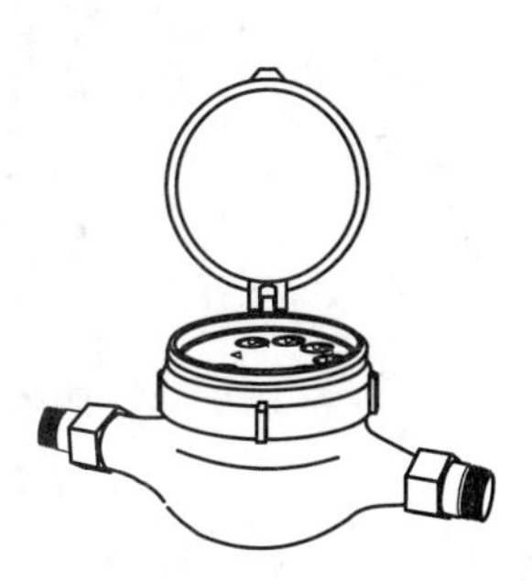

LXS小口径旋翼湿式水表

图 2－17　旋翼式水（流量）表

数字式、电子数字式。老式旋翼水表的表盘是指针式，在湿式表上广泛采用，它的读数不太方便，读数的方法是由高位向低位读，取小不取大。例如某一位的指针指在 8、9 之间，那么这位就读取 8，假如某一位的指针正好指在某一数字上，则要进行判别，方法是看下一位，如果下一位接近 8 、9 则本位取小一个数，如果下一位接近 0、1、2 则本位就取指针所指的数。近年制造的表多改为机械数字式，一般干式表上采用得较多，它在一个轴上安装一组数字轮，右边的字轮转一周，和它相邻的左边字轮转一个字，依此类推，水表的旋翼只需驱动最右面的一个字轮就可以完成累计计数功能。这种方式查表时读数比较方便，只要注意不把小数点弄错即可。按照目前国家标准规定，表盘上黑色的示值单位为立方米（也可以认为是吨数），红色的是立方米以后的小数位。电子数字式水表是目前较为先进的一种，它采用液晶屏（或数码管）显示，信息可以远传，能方便地进行插卡收费、集中查表管理的改造。

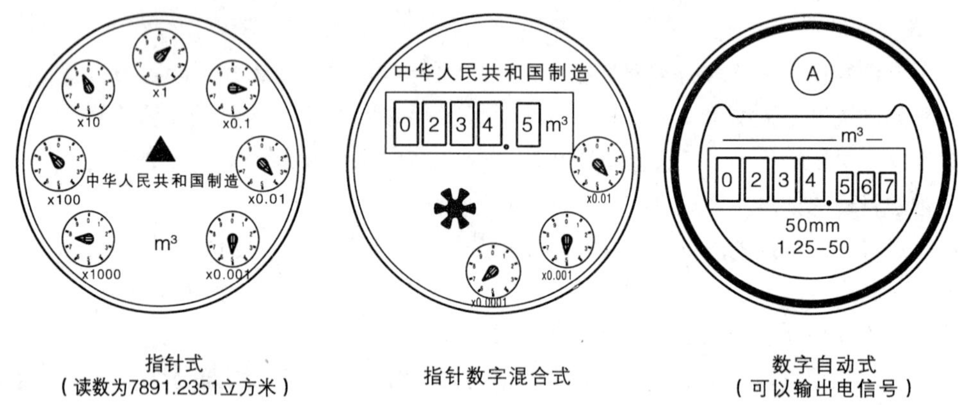

图 2-18 旋翼式流量水表的读数

水表还可以分为现场指示（读数）型和远传（包括有线和无线两种）指示型。按照水表测量介质的温度，还可分为 30℃以下使用的冷水表和 100℃以下使用的热水表。按照水表测量介质的压力，还可以分为 1 兆帕以下使用的普通压力水表和 1.6 兆帕、2.0 兆帕以下使用的高压水表。根据给水系统的需要，水表还可以分为立式表（适宜安装在垂直管道上）、可拆式表（表芯可以拆下来单独进行检测）、插入式表等等。

流量表和压力表一样，不同规格（口径）的表有不同的测量范围。水表口径的选择原则是以经常使用的流量接近常用流量为宜（可参考该表的说明书），不应该以原有的给水管径为依据；如果两者不符，应该通过管件进行调整，并且在表前表后适当留出直线段；水平式水表要安装在水平管段上，立式表要安装在垂直管段上，注意水流方向与表壳上的箭头方向一致，安装水表的管道必须清除排净管内的杂物、泥沙等。给水水压偏高且不稳定，并经过开放式高位水箱给水的地方，应该在表前或表后安装橡胶隔振过滤器，这样才能保证测量的精度和表不损坏。由于旋翼式水表是一种累计水量的仪表，当需要判断安装的表是否适用时，需要选择一天内有代表性的用水高峰段进行用水量的测量，测出一段时间，例如 5 分钟或 1 分钟的累计流量，再乘以 12 或 6 得到小时流量，与表的说明书给出的常用流量进行比较，相差不多时即认为选用水表是合适的，如果相差很多应该换装合用的水表。

一型旋翼湿式水表的主要技术参数

水表型号（立方米/小时）	水表代号	公称口径（毫米）	最小流量	分界流量	常用流量	过载流量
LXS－15 C	N1.5	15	0.060	0.150	1.5	3
LXS－20 C	N2.5	20	0.100	0.250	2.5	5
LXS－25 C	N3.5	25	0.140	0.350	3.5	7
LXS－40 C	N10	40	0.400	1.000	10	20

有时明明没有用水也能观察到表针微动，这是因为现在水表的制造工艺日渐成熟，灵敏度越来越高，对于管网内的一些水锤也很灵敏，反映在水表上的现象是表针有蹿动，而且正反两个方向都有。如果表后没有人用水，表针经常向一个方向转动，那就要仔细检查管路是否有漏水的地方，尤其是特别隐蔽的地方，例如埋在墙里的接头、锈蚀了的水管、便器的渗漏等等。

知识阅读：新型水表

近年来由于电子技术的发展，以及管理方式的改变，不断有新的水表问世。这些水表分别是：

1. 远传水表。它由水表和远传输出装置构成。远传输出装置可以安装在水表本体内或指示装置内，或者配置在外部。如果装置在外部，应提供防护装置和封印。水表加上远传输出装置后并不改变水表的计量特性。

2. 液晶显示远传水表：由旋翼湿式远传水表（一次仪表）和液晶显示屏（二次仪表）两部分组成。一次仪表安装位置与普通水表相同，二次仪表安装在楼宇的管理室或公共场所的墙上，采用壁挂式或嵌墙式。二次仪表采用微处理器，可集中显示、储存多个水表及用水量。该表具有现场读数和远程同步读数两种功能。

3. IC 卡水表计量收费管理系统，由管理系统和计量系统两部分组成。管理系统包括安装在用水管理部门（也可委托银行代管）微机、写卡器、打印机等设备以及相应的软件。计量系统包括安装在用水单位的控制器、远传（可以根据用水多少发出相应的电脉冲信号）水表、电磁阀等。运行时由用水人买卡，此时由售水人（或银行）通过微机、写卡器将钱数写入卡内，用水人将有钱的卡插入水表，水表内的微处理器（CPU）读出钱数，并控制电磁阀开启供水，这时远传水表发出的信号通过 CPU 不断根据用水量减去相应的钱数，直到钱数少于限定值时发出提示信号，通知用水人再次对卡充值。如果直到钱数用尽还没有充值，则输出信号关闭电磁阀，系统停止供水。

4. 代码交换预收费水表：通过表上的键盘输入密码，用水人就可以得到预购的水量，一旦预购的水量剩余为零时，电控阀门自动关闭，这时用水人可以通过按键透支一部分水，用水人应该立即购买水，一旦透支的水用完，将被停水。购水可以是到指定部门交费，也可以是通过银行划账。

第3章 城市雨水利用

我国是一个缺水国家，人口占世界的22%，淡水量却仅占世界的8%，我国水资源总量居世界第六位，但是人均淡水资源量仅有2300立方米，仅为世界人均淡水资源占有量的1/4，可利用的淡水资源十分有限。尤其近30年来我国经济快速发展，能源浪费大、环境破坏严重等问题日益凸显，人与自然的矛盾日益突出。要解决水资源紧缺的矛盾，必须从节水和水的有效利用上下工夫。我国“十一五”规划中就制定了坚持开发节约并重，节约优先，按照减量化、再利用、资源化的原则，大力推进节能、节水、节地、节材，加强资源综合利用，形成低投入、低消耗、低排放和高效率的节约型增长方式。这是大力发展循环经济，建设资源节约型、环境友好型社会和实现可持续发展的重要途径。

如果考虑现在的经济、技术能力，并且扣除无法取用的冰川和高山顶上的冰雪，最有可能被开发利用的水资源就是雨水。

我国降水总量达6.2万亿立方米，其中只有45%，即2.8万亿立方米形成了可以被人们加以利用的水资源。然而这种极其重要的可用水资源，却并未得到充分利用，尚有60%~70%的降水以地表径流和无效蒸发的方式损失掉。目前，全国对天然降雨的利用率只有10%；尤其现在全球天气反常，“天”已经越来越靠不住了。洪旱频繁交替将会是21世纪的最主要自然灾害之一。人类不能在这大半个地球上继续被动待天，而应当努力去控制利用雨水来为人类造福。从这个意义上讲，雨水利用应在21世纪进入水资源利用的主战场，成为水资源利用的一种重要形式。

3.1 雨水在水循环中的作用

雨水作为一种宝贵的资源，在水的自然循环系统和流域水环境系统中承担着重要的角色，同时也起着十分重要的作用。随着城市化水平的提高和经济的高速发展，城市雨水问题日益凸显，如雨水资源大量流失、雨水径流污染严重、城市洪涝灾害加重等（径流就是指降落到汇水面积上的雨水扣除下渗、蒸发等损失后形成的流动的雨水)。下面就这三方面进行详细说明。

图3－1 城市雨水

图3-2 城市化使得雨水大量流失，土地逐渐干化

3.1.1 水资源流失

由于人类的活动造成了植被减少或破坏，城市发展中如不透水面积的增加，停车场、道路、建筑物屋面等，使得雨水流失量增加，从而导致水循环系统的平衡遭到破坏，并引发一系列环境与生态问题。许多城市水资源严重不足，天然降水作为极其重要的可用水资源却正在白白流失，同时，超采地下水正使地下水位不断下降。

径流系数就是指雨水的汇水面积上形成的径流量与降水量之比。径流系数越大则径流量就越多，但是随着城市化进程的加快，全国雨水径流系数已经越来越大，雨水流失量也跟着增大。

3.1.2 水污染

随着城市化的发展，雨水径流污染程度日趋严重。沥青油毡屋面，沥青混凝土道路，磨损的轮胎，融雪剂、农药、杀虫剂的使用，建筑工地上的淤泥和沉淀物，动植物的有机废弃物等都会增加径流雨水中的污染物含量，如有机物、病原体、重金属、油剂、悬浮固体等。

对北京城区1998~2003年不同月份屋面和路面径流水质的大量数据分析表明，城区屋面、道路雨水径流污染都非常严重，其初期雨水的污染程度通常超过城市污水（一场降雨中最开始的一段时间所降下的雨水就叫初期雨水）。通过城区的抽样调查，还发现雨水口被普遍当作垃圾和污水口、雨水井里都是垃圾的现象非常严重。

合流制排水系统就是指将生活污水、工业废水和雨水混合在同一个管渠内排出的系统。对于许多旧城区的合流制排水系统来说，由于在暴雨期间水量

图3-3 雨水口堆放垃圾

图3-4 水华现象

大大超过了城市现有的排水能力和污水处理能力，导致未经处理的污水溢出，直接进入城市及其周围河流，从而造成严重的污染。如2001 ~2003年的雨季中，耗资数十亿元整治后的北京城区部分河道和湖泊仍然发生水质恶化、藻类大量繁殖的情况，这与城市雨水径流污染有很大的关系。其他城市近年来也多发暴雨事件，有些也已产生了严重的后果。

3.1.3 洪涝

经过多年的建设，城市的防洪设施等级已经得到了提高，一般情况下，城市发生洪涝灾害的可能性较小，因此城市洪灾往往被忽视。但事实上，随着城市人口密度和财产密度的加大，同样等级的洪灾一旦发生将造成更大的生命、财产损失。一方面城市干旱缺水，而另一方面，每到汛期来临之际，我们又经常看到城市积涝成灾的报道，凶猛的城市洪水给人们留下了深刻的印象。

参考阅读：雨水影响下的城市生活

2004年7月10日，雨水洗劫了干旱缺水的北京市区，造成城区41处严重积水，其中10处水深均达0.5 ~1米。许多地方积水造成了交通瘫痪，内城四区由于道路积水造成大量平房、楼房地下室进水。没有思想准备的北京城“乱了”。出门的人赶不上火车、误了飞机，无法按时上班，也回不了家；公共汽车卧在半车身深的水中，小轿车干脆潜在水中。据统计，300万立方米的雨水被白白的“放走”，由此带来了巨大的经济损失和恶劣的社会影响。

北京市莲花桥下因大量积水造成交通瘫痪

2005年6月18 ~20日，柳州、桂林、河池、梧州等4个市的25个县（市、区）受灾，受灾人口151.9948万人，因灾死亡5人，失踪1人，转移安置75470人。洪灾造成直接经济损失达3.69亿。

遭暴雨连续袭击后的城市

2007年7月18日17时左右，山东省济南市及其周边地区遭受特大暴雨袭击，部分地区受灾，大部分路段交通瘫痪。据初步统计，22名市民不幸遇难，6人失踪，142人受伤。

困在洪水中的受灾百姓

为什么会如此频繁的发生洪涝灾害呢？这主要是由于城市化的进程加快，城市原有的自然环境如绿地、农田、湖泊湿地等被大面积的不透水地面所取代，致使雨（雪）水无法直接渗入地下，洼地蓄水体积大量减少。一般地，天然地表洼地蓄水，砂地蓄水可达5毫米，黏土可达3毫米，草坪可达4~10毫米，甚至有报告观测到在植物密集地区可高达25毫米，而光滑、平坦的水泥地面在产生径流之前只能保持1毫米的降水。城市土地利用情况的改变造成了从降雨到产生径流的时间大大缩短，产生径流量大大增加，原有管线的排洪能力满足不了要求，导致大量的雨水同时涌进下水道而引发城市洪水。

另外，我国大多数城市防洪排涝设施严重不足，标准较低。根据掌握的资料，国外河道防洪能力一般为100～500年一遇水平，个别高达1000年一遇水平，也就是说，防洪设施能抵抗100～500年甚至是1000年一次大小的洪水的袭击。而我国还远远达不到这个标准，城市暴雨内涝灾害严重，且频率较高。

城市雨水问题还导致了水土流失加剧、生态环境恶化、地下水位下降、地面下沉等。

图3－5　城市化使得地面下沉、水库泥沙淤积

3.2　雨水的用途与综合效益

3.2.1　雨水的用途

由于天然雨水具有硬度低、污染物少等优点，因此减少城市雨洪危害、利用雨水正日益成为城市发展的重要主题。雨水利用的用途应根据区域的要求和具体项目条件而定，主要有下面几种：

◆ 绿化
◆ 洗车
◆ 景观补水
◆ 冲洗道路
◆ 冲厕

对于大型公用建筑、居住区、建筑群等屋面及地面，雨水经收集和处理后除用于土地入渗补充地下水外，还可用于景观环境、绿化、洗车、道路冲洗、冷却水补充、冲厕等。在严重缺水时也可作为饮用水水源。厂房雨水可根据生产工艺需要，将雨水进行适当处理后用于补充部分生产用水。

因此，通过因地制宜的规划设计，结合雨水收集和利用设备的实施，减少用于以上用途的自来水用量，可以节约水资源，大大缓解我国的缺水问题。

图 3-6　雨水收集后用来洗车和绿化

图 3-7　雨水收集后的各种用途

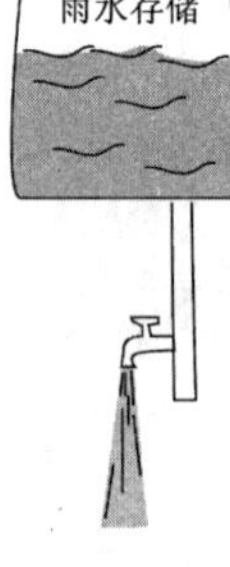

图 3-8　雨水作为应急水源

3.2.2　雨水的综合效益

雨水是自然界水循环系统中的重要环节，对调节、补充地区水资源和生态环境起着极为关键的作用，具有广阔的发展前景。它不仅具有社会效益和环境生态效益，还有一定的直接或间接经济效益。它可以增加城市水源，在一定程度上缓解水资源的供需矛盾，同时还可以有效地减小城市径流量，减轻城市排洪设施的压力，减少防洪投资和洪灾损失。下面就这三个方面具体说明：

雨水利用工程带来的社会效益主要体现在以下五个方面：

1. 能够有效改善城市的水资源短缺状况，减少城市生产、生活供水压力。

2. 使城市地下水得到有效补给，改善目前地下水的超采状况。地下水一般利用雨水、自来水或中水补充，其中后两种方法造价偏高，所以利用雨水补充地下水资源是最经济的方法。

3. 能够从根本上解决政府和城市居民所关切的“水漫都市”现象。

4. 能够有效减轻因雨水所导致的城市防洪和排水系统压力。合理地进行雨水利用，可以减少雨水径流量还可起到洪水削峰的作用，从总量上减少排入市政管网和河湖的雨水量。

雨水利用工程带来的生态效益主要体现在以下两个方面：

1. 改善城市水环境。通过城市雨水综合利用技术，特别是类似湿地或稳定塘等占地面积较小同时生态景观较好的生态利用技术，可对雨水中污染物作自然净化处理。如在湿地系统中，所有的生物化学过程可以把可溶性磷转化为难溶性的颗粒磷而沉积下来。这种自然净化作用可使进入城市水体中的污染大为减少，从而促进城市水体的水质改善。

2. 可以有效改善区域生态环境。将雨水就地收集、就地利用或回补地下水，可减轻城市河湖的防洪压力，防止城市排涝设施不足导致的城市雨水排泄不畅和洪涝灾害的发生；削减雨季峰流量，维持河川水量，增加水分蒸发，改善生态环境；减少或避免公路及庭院积水，改善小区水环境，提高居民生活质量。

雨水利用工程带来的经济效益主要体现在以下两个方面：

1. 节省巨额市政投资。小区雨水利用工程可以减少需由政府投入的用于大型污水处理厂、收集污水管线和扩建排洪设施的资金。

2. 节省市政和居民用水开支。雨水利用系统运行费用低廉，经济效益突出。假如使用 1 立方米的自来水费用（含污水处理费）为 3. 70 元，而从运行管理和小区用水费用支出分析，投入收集 1 立方米雨水的年运行费用不足 0. 10 元，这样可以大大减少居民用水开支。

3.3　城市雨水利用的定义与类型

雨水利用是一个含义非常丰富的词，从城市到乡村，从农业、水利电力、给水排水、环境工程、园林到旅游等许许多多的领域都有雨水利用的内容。城市雨水利用可以有狭义和广义之分。狭义的城市雨水利用主要指对城市汇水面产生的径流进行收集、储存和净化后利用。本书介绍的主要是指广义的城市雨水利用，即指在城市范围内，有目的地采用各种措施对雨水资源进行保护和利用。它主要包括收集、储存和净化后的直接利用；利用各种人工或自然水体、池塘、湿地或低洼地对雨水径流实施调蓄、净化和利用，改善城市水环境和生态环境；通过各种人工或自然渗透设施使雨水渗入地下，补充地下水资源。

3. 3. 1　雨水利用的类型

根据用途不同，雨水利用可以分为雨水直接利用（回用）、雨水间接利用（渗透）、雨水综合利用等几类，其具体方式也有很多种。

雨水利用的分类、方式及其用途　　　　表 3 – 1

分类	方式			主要用途
雨水直接利用	按区域功能不同	住区		绿化
		工业区		喷洒道路
		商业区		洗车
		公园、学校等公共场所		冲厕
	按规模和集中程度不同	集中式	建筑群或区域整体	冷却循环
		分散式	建筑单体雨水利用	景观补充水
		综合式	集中与分散相结合	其他
	按主要构筑物和地面的相对关系	地上式		
		地下式		

续表

<table>
<tr><th>分类</th><th colspan="3">方式</th><th>主要用途</th></tr>
<tr><td rowspan="7">雨水间接利用</td><td rowspan="7">按规模和集中程度不同</td><td rowspan="2">集中式</td><td>干式深井回灌</td><td rowspan="7">渗透补充地下水</td></tr>
<tr><td>湿式深井回灌</td></tr>
<tr><td rowspan="5">分散式</td><td>渗透检查井</td></tr>
<tr><td>渗透管（沟）</td></tr>
<tr><td>渗透池（塘）</td></tr>
<tr><td>渗透地面</td></tr>
<tr><td>低势绿地等</td></tr>
<tr><td>雨水综合利用</td><td colspan="3">因地制宜；回用与渗透相结合；利用与污染控制相结合；利用与景观、改善生态环境相结合等</td><td>多用途、多层次、多目标；城市生态环境保护与建设，可持续发展的需要</td></tr>
</table>

现代城市雨水利用是一种新型的多目标综合性技术，其技术应用有着广泛而深远的意义。城市雨水利用可实现节水、水资源涵养与保护、控制城市水土流失和水涝、减轻城市排水和处理系统的负荷、减少水污染和改善城市生态环境等目标。这些技术具体包括下列方面：

1. 直接利用

雨水蓄集利用是将城市雨水径流收集起来，根据用途要求，经混凝、沉淀、消毒等多种处理工艺或工艺组合进行不同程度处理后，用于绿化、洗车、道路喷洒、景观补水、冲厕等，也即将雨水转化为产品水以代替自来水或用于景观水景。

雨水的直接利用一般分为雨水的收集、雨水的储存和雨水的处理及供应三个部分。该系统又可分为单体建筑物分散式系统和建筑群集中式系统，由雨水汇集区、输水管系、截污装置、储存、净化和配水等几部分组成。有时还设渗透设施与储水池溢流管相连，使超过储存容量的部分溢流雨水渗透。

2. 间接利用

雨水的间接利用是指将雨水下渗回灌地下，补充涵养地下水资源，改善生态环境，缓解地面沉降和海水入侵，减少水涝等。

根据渗透设施的不同可以分成自然渗透和人工渗透，根据渗透方式不同可分为分散渗透技术和集中回灌技术两大类。分散式渗透设施包括渗透井、渗透管（沟)、渗透池（坑)、渗透地面、低势绿地等。分散式渗透设施易于实施，投资较少，可用于住宅区、道路两侧、停车场等场所。集中式渗透是指采用干式或湿式深井将雨水回灌地下，回灌容量大，但对地下水位、雨水水质有更高的要求，使用时应采取预处理措施净化雨水，同时对地下水质和水位进行监测。

3. 综合利用

雨水的综合利用包括直接和间接利用两方面，有时还兼有其他方面的作用，如减少污染、改善景观和生态环境等。利用城市河湖和各种人工与自然水体、沼泽、湿地调蓄、净化和利用城市径流雨水，减少水涝，改善水循环系统和城市生态环境。

3.3.2　城市雨水利用与生态景观、园林道路、水利等方面的关系

城市雨水利用系统最大的特点之一就是与建设工程中的其他许多单元有着密切的关系。由于在通常的工程设计建设中，没有把雨水利用考虑进去，因此，整个系统常常难以达到很好的协调。现在要提倡采取的是一种更合理的思维模式和处理方式，就是将这些单元有机地、紧密地联系在一起，通过综合分析，制定出比较优选的设计方案。

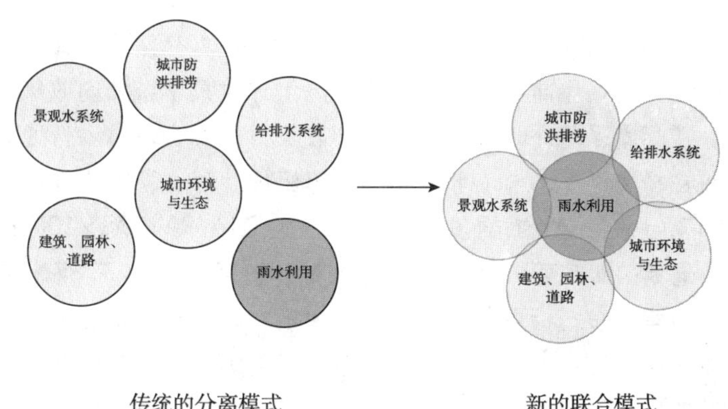

图 3－9　雨水利用与相关单元关系简化模式

雨水利用系统与管道系统、景观水系统和绿地、道路、建筑有着最直接和密切的关系。

1. 雨水综合利用能够削减雨季的流量，进而减少溢流污染，减少雨季进入污水处理厂的负荷，同时也减轻排水系统的压力。对于防洪系统来说，需要按一定的防洪标准来设计设施，一般需要较大的规模（如后面要介绍的雨水多功能调蓄等），或者采用许多分散式渗透设施来减小径流量，达到削减径流量以及排洪的目的。

2. 景观水体是改善城市或住宅小区生态环境的有效设施，因而得到较广泛的应用。但是，由于普遍存在的缺水问题，近年来开始提倡用再生水，雨水应该是首选的水源。而且有些情况下，水景设计本身就是雨水利用系统的重要组成部分，如多功能雨水调蓄设施、雨水池塘或湿地等。

3. 绿地、道路、建筑既是雨水的收集面又可能是雨水利用系统的重要组成部分或主要单元。因此，雨水利用对小区这些相关单元会有新的要求，如绿地的布局、高程、土质甚至植物种类，道路的高程和结构要求，建筑屋面材料和排水管的设计要求等。

3.4　城市雨水利用的方法

3.4.1　雨水收集、储存和利用

雨水的直接利用工程可分为三个部分：雨水的收集、雨水的储存和雨水

的处理及供应。

1. 雨水的收集

广义的雨水收集包括了大型水库的建设、河川径流的取用等。在城市，雨水收集主要指屋面雨水、路面雨水、广场雨水、绿地雨水等。应根据不同的径流收集面，采取相应的雨水收集和截污措施。

(1) 屋面雨水收集

屋面是城市中最适合和常用的雨水收集面。屋面对雨水的收集按储存池的位置不同有两种方式：一种雨水经过雨水斗、雨水立管汇流至地面，由地面的存储设施集中存储；另一种则是在屋顶直接建立存储池存储雨水。按雨水管道的位置不同，屋面雨水收集系统可分为外收集系统和内收集系统。一般情况下，应尽量采用外收集方式或两种收集方式综合考虑。普通屋面雨水外收集系统由檐沟、雨水斗、水平收集管等组成。落水管多用镀锌钢管、铸铁管或塑料管。镀锌钢管断面多为方形，尺寸一般为 80 毫米 ×100 毫米或 80 毫米 ×120 毫米；铸铁管或塑料管多为圆形，直径一般为 70 毫米或 100 毫米。屋面内收集系统是指屋面设雨水斗、建筑物内部有雨水管道的雨水收集系统，由雨水斗、连接管、悬吊管、立管、横管等组成。对于跨度大、立面要求高的建筑物，可以使用内收集系统。

(2) 路面雨水收集

路面雨水收集系统可以采用雨水管、雨水暗渠、雨水明渠等方式。水体附近汇集面的雨水也可以利用地形通过地表面向水体汇集。

利用道路两侧的低绿地或在绿地中设置有植被的自然排水浅沟，是一种很有效的路面雨水收集截污系统。雨水浅沟通过一定的坡度和断面自然排水，表层植被能拦截部分颗粒物，小雨或初期雨水会部分自然下渗，收集的径流雨水水质沿途得以改善。受地面坡度的限制，以及地面与园林绿化和道路等的关系，浅沟的宽度、深度往往受到美观、场地等条件的制约，路面雨水收集系统所负担的排水面积会受到限制，可收集的雨水水量也会相应减少。因此，需要根据区域的各种条件综合分析，因地制宜，有时也可以将这几种方式结合使用。

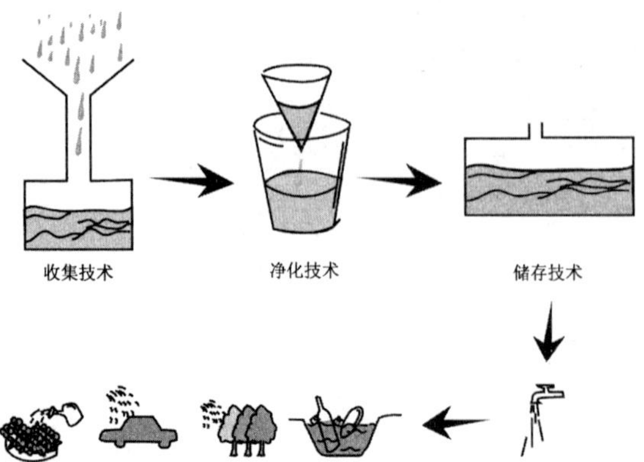

图 3－10　雨水利用过程

(3) 停车场、广场雨水收集

停车场、广场等汇水面的雨水径流量一般较集中，可以采用上述的收集截污措施。但要注意，由于人们的集中活动和车辆的泄漏等原因，如管理不善，这些场地的雨水径流水质会受到明显影响，应采取有效的管理和截污措施。

(4) 绿地雨水收集

绿地既是一种雨水汇集面，又可以是一种雨水的收集和截污措施，甚至就是一种雨水的

图 3－11　道路雨水收集利用示例

利用单元。进行综合分析与设计，可最大限度地发挥绿地的作用，达到最佳效果。可以采用浅沟、雨水管渠等方式对绿地径流进行收集。需要注意绿地可能带来的颗粒物、杂草等污染物，可以使用溢流台坎、滤网、挂篮等方式拦截大颗粒的污染物。

2. 雨水的储存

广义的雨水储存包括水库和各类拦截蓄水工程设施。就城市而言，主要指通过建造雨水蓄水设施，将雨水用作城市冲厕、洗车、绿化等杂用水，还可在必要时用作工业用水。以住宅小区雨水的汇集、储存和利用为例，比较清洁的建筑屋面雨水经雨水斗、雨水立管过滤后流入储水池，雨水在池中静置，出水经设在池中部的浮游式过滤器再次过滤后，由水泵送至用水点。

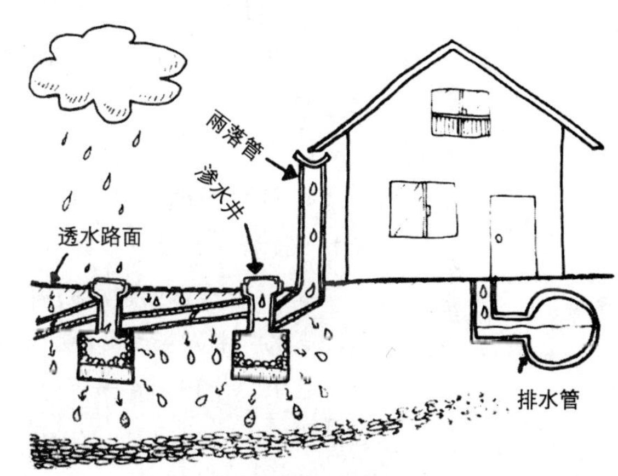

图 3－12　庭院绿地雨水渗透利用示例

储水池可分为室内池和室外池。室内池价廉，但占用地下室空间，具体设计时要考虑到室内池设置与建筑相适宜，通过材料的选择和技术处理以防止藻类滋生及水质腐败。在大型的建筑物地下或者在居民小区内建立地下蓄水池，可以充分利用空间。室外池一般埋在地下，并且需设溢流管，大雨时溢流雨水经地层渗透或流入排水管道。

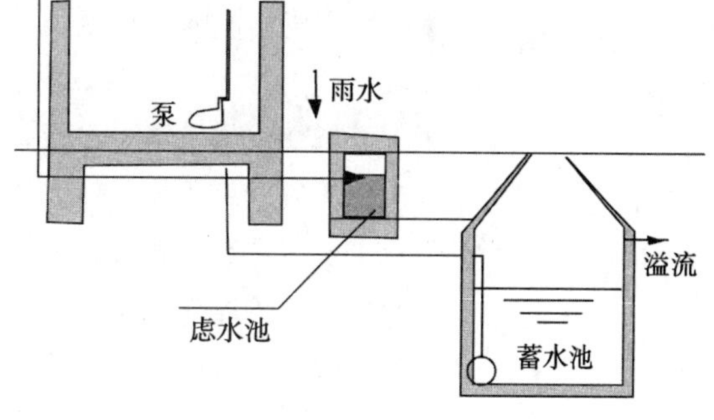

图 3－13　雨水的收集、储存和处理过程

3. 雨水的处理

雨水收集后的处理过程，与一般的水处理过程相似，但是从雨水的水质分析可知，雨水不宜采用生物化学处理方法，宜采用物理化学处理。

雨水直接利用的净化工艺应根据径流雨水的水质、水量和雨水处理后所要达到的程度而定。如绿化、冲厕、道路清扫、消防、车辆冲洗、建筑施工等均应满足《污水再生利用城镇杂用水水质》(GB/T18920－2002)指标要求;景观环境用水应满足《污水再生利用景观环境用水的水质》(GB/T18921－2002)指标要求;渗透应满足地下水人工回灌水水质控制标准等。雨水用于空调系统冷却水、采暖系统补水等其他用途时,其水质应达到《空调用水及冷却水水质标准》(DB131/T143－94)指标要求。

从水质来看,道路雨水(包括机动车道)水质污染程度大,水质复杂,应先除去初期径流,再进行混凝、沉淀、除油和过滤等工艺处理,必要时增加生物活性炭工艺。机动车道径流由于污染程度太高,处理难度与成本非常大,故不主张对其处理与回用,可直接排入市政管道进污水处理厂。屋顶雨水水质远比道路雨水水质干净,主要以沉淀颗粒为主,处理后的水一般用于家庭、公共场所和企事业单位的非饮用水,如浇灌、冲厕、洗衣洗车、冷却循环等中水系统。处理工艺的选择应以简便、实用为原则,采用混凝、沉淀、过滤等工艺即可。

下面简单介绍几个针对不同用途而设计的工艺流程:

◆ 雨水处理后回用作为绿化、冲厕、道路清扫等使用时,一般采用下面的工艺:

原水→筛网→沉淀→过滤→供水槽

◆ 雨水处理后用于景观水体,一般采用下面的工艺:

原水→筛网→混凝→沉淀→除油(视情况而定)→过滤→供水槽

◆ 对于雨水处理后回灌地下,涵养地下水源,一般采用下面的工艺:

原水→筛网→除油(视情况而定)→沉淀→自然过滤(人工湿地等)→地下水

雨水的使用,在未经过妥善处理前(如消毒等),一般建议用于替代不与人体接触的用水(如卫生用水、浇灌花木等)为主。也可将收集下来的雨水,经处理与储存过程后,用水泵提升至顶楼的水塔,供冲洗厕所使用。

3.4.2 雨水渗透——间接利用

城市雨水间接利用是指使用各种措施强化雨水就地入渗,使更多雨水留在城市境内并渗入地下以补充、涵养地下水。这样即使不能进入地下水层,至少可增加浅层土壤含水量,遏制城市热岛效应(即由于城市化的发展导致城市中的气温高于外围郊区的现象)、调节气候并改善城市生态环境,还有利于减小径流洪峰流量及减轻洪涝灾害。此外,雨水入渗的另一个优点是能充分利用土壤的净化能力,这对城市径流导致面源污染的控制有重要意义。但对于湿陷性黄土、高含盐量土壤地区,不得采用此雨水利用方式。而且,在地下水位高、土壤渗透能力差或雨水水质污染严重等条件下,雨水渗透技术会受到限制。相对来讲,我国北方大部分城市降雨量相对少而集中,蒸发量大,地下水利用比例较大,雨水渗透技术的优点更为突出。

虽然雨水间接利用不能直接回收并取得一定量雨水以供使用，但是，与传统的城区雨水直接排放和雨水集中收集、储存、处理与利用的技术方案相比，它具有技术简单、设计灵活、易于施工、运行方便、投资少、环境效益显著等优点。从社会、环境等广义角度看，其效应是不可忽视的。

实际上雨水渗透早在我国一些古城的建筑中有所体现，它们常常利用渗坑、渗井、渗沟使雨水就地下渗。20 世纪 80 年代末有学者进行调查时就发现，杭州老城区在庭院中设天井沟和矩形渗坑；苏州老城区及附近一带乡镇的住宅用天井储蓄雨水；潍坊老城区街道的雨水流入坑洼地及池塘（俗称“湾子”，有的湾子平时是干涸的）；曲阜孔府宅内和后花园均有雨水渗井。还有，在井冈山毛泽东等的故居庭院中，汇集雨水的渗坑至今保存完好。后来，在城市化过程中，雨水渗透这种利用和保护自然雨水资源的方法反而被人们所忽视，更多地被雨水管道所代替。现在在城市重新提倡雨水的渗透，实际是人类在大量的事实面前反思自己的行为，是尊重自然、热爱自然的一种表现和进步。

1. 雨水渗透的类型

根据方式不同，雨水渗透可分为分散式和集中式两大类，可以是自然渗透，也可以是人工渗透。

雨水渗透设施分类　　**表 3-2**

种类	渗透设施名称	优点	缺点
分散式	渗透检查井	占地面积和所需地下空间小；便于集中控制管理	净化能力低，水质要求高，不能含过多的悬浮固体，需要预处理
	渗透管	占地面积少，便于设置，可以与雨水管系结合使用，有调储能力	堵塞后难清洗恢复，不能利用表层土壤的净化功能，对预处理有较高要求
	渗透沟	施工简单，费用低，可利用表层土壤的净化功能	受地面条件限制
	渗透池（坑）	渗透和储水容量大，净化能力强，对水质和预处理要求低，管理方便，可有渗透、调节、净化、改善景观等多重功能	占地面积大，在拥挤的城区应用受到限制；设计管理不当会造成水质恶化和蚊蝇孳生，干燥缺水地区，蒸发损失大
	透水地面	能利用表层土壤对雨水的净化能力，对预处理要求相对较低；技术简单，便于管理；城区有大量的地面，如停车场、步行道、广场等可以利用	渗透能力受土质限制，需要较大的透水面积，无调蓄能力
	绿地渗透	透水性好；节省投资；可减少绿化用水并改善城市环境；对雨水中的一些污染物具有较强的截留和净化作用	渗透流量受土壤性质的限制，雨水中如含有较多的杂质和悬浮物，会影响绿地的质量和渗透性能
集中式	干式深井回灌	回灌容量大，可直接向地下深层回灌雨水	对地下水位、雨水水质有更高的要求
	湿式深井回灌		

2. 各种渗透装置的组合

不同渗透设施要求有适宜的渗透条件，包括土壤渗透能力、场地大小、地下水水位、与建筑物的距离等。在规划设计时，要根据现场的地质条件、地形地貌、高程、绿地、地下管线等构筑物布局、当地气候降雨特点、雨水水质和总体规划等，充分考虑各种渗透设施的优缺点和适用条件，进行不同方案技术经济分析和比较。

可根据具体工程条件将各种渗透装置进行组合。

（1）方案1：渗透地面、渗透池、渗透井和渗透管组合的综合渗透设施。它的最大优点是可以根据现场条件的多变选用不同类型的渗透装置，取长补短，效果显著。如渗透地面和绿地可截留净化部分杂质，超出其渗透能力的雨水进入渗透池（塘），起到渗透、调节和一定净化作用，渗透池的溢流雨水再通过渗井和滤管下渗，可以提高系统效率并保证安全运行。缺点是装置间可能相互影响，如水力计算和高程要求，占地面积较大。

（2）方案2：渗沟、渗透地面和渗透池（景观）相结合的综合渗透设施，适合于水质较好的场合。

（3）方案3：渗透地面、渗透井和渗透管组合的综合渗透设施。考虑平顶屋面初期雨水的污染，设置了初期雨水弃流装置，雨水经过绿地进一步去除部分沉淀颗粒和污染物后再进入渗透井和渗透管。这种方案占地面积较小，适合在小区建筑物附近采用。

还可以组合许多不同的系统，总之，要以系统的观点考虑，改善人们住宅区的生态环境和美观，突出人和自然的统一和谐，达到最佳效果。图3－14是渗透浅沟和渗透沟的组合应用，在浅沟和渗透沟的连接处用截污挂篮拦截径流雨水中污染物，防止渗透沟发生堵塞。图3－15是渗透块、渗透管和砾石层共同组成的渗透装置。

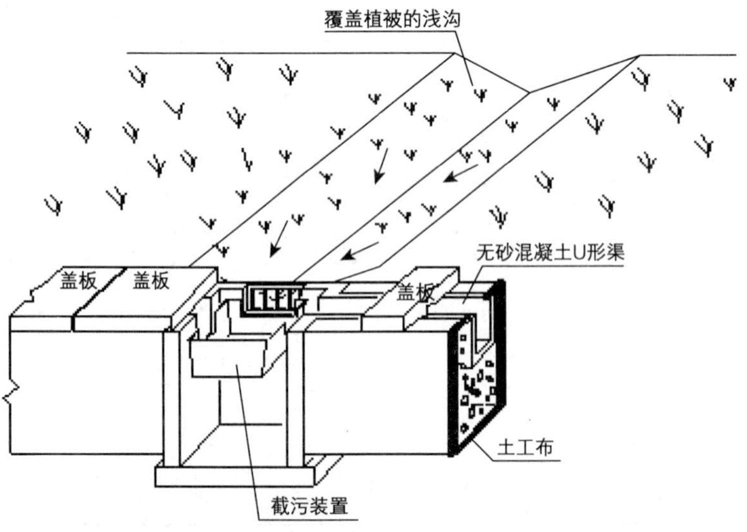

图3－14 渗透浅沟与渗透渠的组合

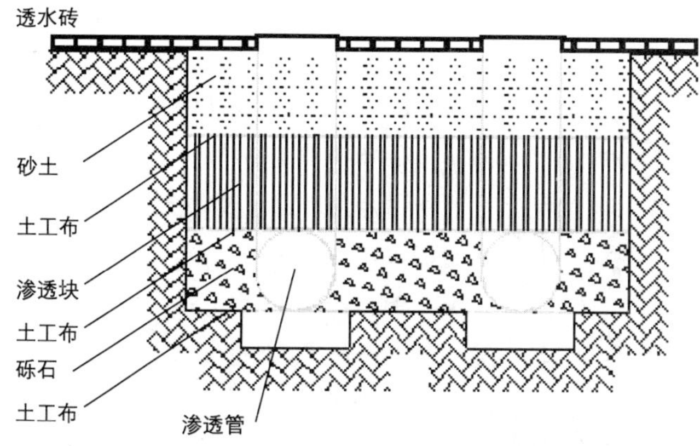

图 3－15　渗透块、渗透管和砾石层共同组成的渗透装置

3.4.3　多功能的综合利用

雨水综合利用系统是指通过综合性的技术措施实现雨水资源的多种目标和功能，这种系统将更为复杂，可能涉及包括雨水的集蓄利用、渗透、排洪减涝、水景、屋顶绿化（在后一节中有详细介绍）甚至太阳能利用等多种子系统的组合。城区雨水利用应采取因地制宜的利用方式，根据当地的条件，直接利用或间接利用，或两种利用方式相结合，以求经济可行。

在新建生活小区、公园或类似的环境条件较好的城市园区，将区内屋面、绿地和路面的雨水径流收集利用，达到显著削减城市暴雨径流量和面源污染物排放量、优化小区排水系统、减少水涝和改善环境等效果。具体做法和规模依据园区特点而不同，一般包括水景、渗透、雨水收集、净化处理、回用与排放系统等，有时还包括集屋顶绿化、太阳能、风能利用和水景于一体的生态住区和生态建筑。

生态园区雨水综合利用系统是利用生态学、工程学、经济学原理，通过人工净化和自然净化的结合，雨水集蓄利用、渗透与园艺水景观等相结合的综合性设计，实现建筑、园林、景观和水系的协调统一，实现经济效益和环境效益的统一以及人与自然的和谐共存。这种系统具有良好的可持续性，能实现效益最大化，达到意想不到的效果，但要求设计者具有多学科的知识和较高的综合能力，设计和实施的难度较大，对管理的要求也较高。

下面通过一些简单的雨水综合利用系统方案分析，了解这种综合利用系统的一些相互关系和主要考虑因素。

1. 绿色屋顶、集蓄利用与水景结合

图 3－16 的方案中，由于屋面采用了绿化设计，在相同降雨量下，收集到的雨水会相应减少，一些小雨甚至不会形成径流，比较适合雨量充沛均匀的地区。因屋面植物和土壤起到了预处理的作用，因此，可以省去初期雨水的控制措施。雨后，储存池的部分雨水和屋面绿化可以形成一个循环，在满足绿化用水要求的同时改善了建筑景观和环境；另一部分雨水则可供室外水

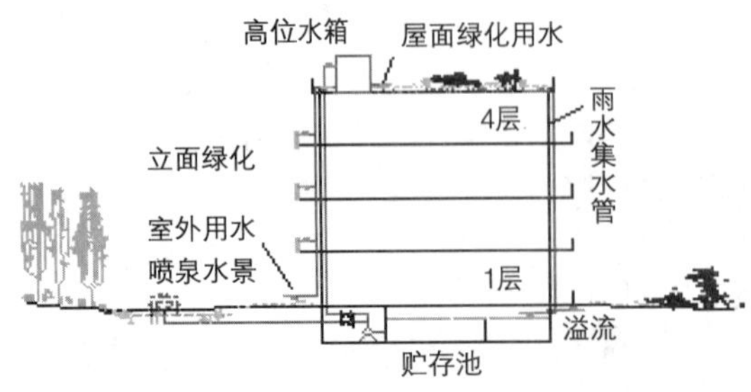

图 3－16 绿色屋顶、集蓄利用与水景相结合的雨水综合利用方案

景之用。在系统中设计自来水或其他水源的补充，保证在雨水不足时整个系统也能正常运行。再设置一个景观水的回流管，与屋面和储存池形成循环，有利于保障景观水体的水质。如果汇水面积大，有富裕的雨水量，还可以考虑在溢流管后设计渗透设施。由于有了绿化屋面的预处理和储存池的作用，能够保证渗透设施的良好运行。应提倡在景观水池中保持一些水生植物和鱼类，构筑成具有良好生态功能的水景，有利于提升整个系统的综合效果。

2. 集蓄利用与渗透结合

图 3－17 的方案是将收集利用和渗透相结合。该系统首先应计算确定储存容积，满足雨水回用的需要，多余的雨水再通过渗透设施下渗。为了保证系统的稳定运行和效果，设计了初期雨水的弃流和预处理装置。

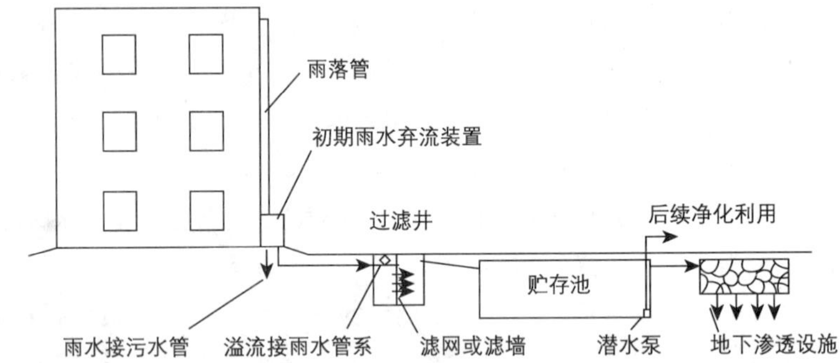

图 3－17 集蓄利用与渗透结合的雨水综合利用方案

3. 雨水渗透与水景结合

如果雨量充足，小区又具有较大的汇水面积和景观水体，绿化率也很高，可以考虑采用图 3－18 所示的流程。该系统采用比较自然化的设计，利用绿地和浅沟汇集雨水，可达到减少水土流失、控制初期雨水污染物的目的。利用水体和渗透设施来调蓄雨水，水体底部可采用防渗膜来减少渗漏。这种系统可以实现利用雨水资源、减少污染、改善小区环境、提高防涝标准等多目标。

需要注意的是，小区环境条件对路面径流水质的影响最终转移到水体，因此，要加强管理，采取初期弃流、缓冲带等控制措施，也可以考虑将污染

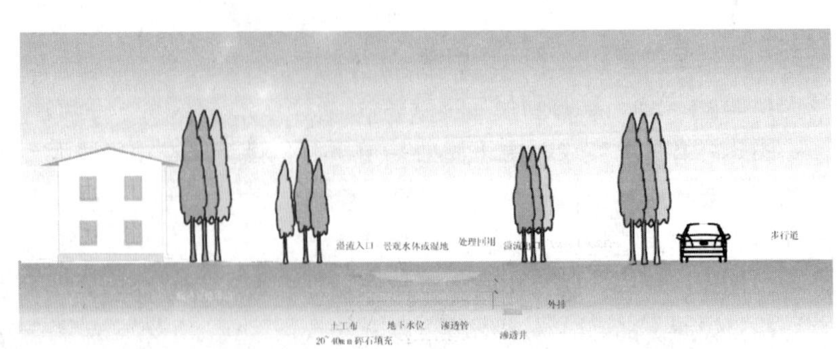

图 3－18 渗透与水景相结合的雨水综合利用方案

性的地面径流分别排除。水体的合理设计对整个系统的效果也举足轻重，由于水质恶化，导致水体功能不能正常发挥甚至严重影响周边环境的实例很多。

4. 风能、太阳能、渗透与水景结合

风能和太阳能都属于环保型的清洁能源。尽管目前应用事例还不多，但是在雨水利用系统中利用风能和太阳能是一个具有前瞻性的课题。

风能利用的优点是无公害、能量不会减少而且可以再生，利用风能可避免二氧化碳等温室气体的排放。地球的温室效应已成为全人类关注的课题。温室效应的产生，二氧化碳的作用占了5%，而有8%的二氧化碳是由化石燃料引起。平均每1千瓦/时（度）的风力发电量大约能避免排出1千克的二氧化碳量。因此，在国际和国内能源危机频发之时，其潜在的价值不可小视。在中国已经有了大规模的风能开发利用，如在山东的长岛、内蒙古和新疆等地区的风力发电。可以预见，在不久的将来，风力发电会有越来越广泛的应用，包括在雨水利用系统中的应用。

太阳能利用是一种相对比较成熟的技术。但利用太阳能发电作为雨水利用系统中的动力还是相当新的一个课题。利用太阳能的主要优点有：

（1）太阳的能量巨大，辐射到地球上的太阳能换算为电力相当于1.77×10^{14}千瓦，是世界电力消费的约10万倍，而且没有像石油类资源枯竭的担忧；

（2）不污染环境；

（3）能量转换的机械设备简易可行；

（4）成本低。

城市雨水利用的主要特点之一是间歇式运行，且许多系统的规模都不大，用电量小。我国多数城市雨季又是在阳光充足的夏秋季节，这些条件都比较适合太阳能的利用。

基于上述优点，我们可以将风能和太阳能作为喷水和循环泵的辅助电源。如图3－19所示，将风能、太阳能及雨水利用系统相结合，既经济又有效。

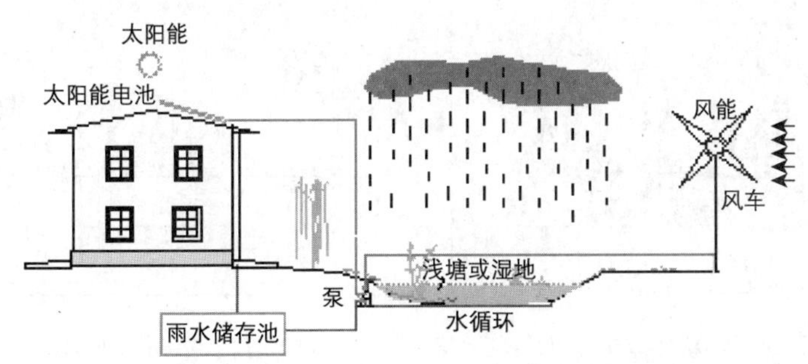

图3－19 环境能利用图示

3.5 城市雨水利用的一些关键问题和实用技术

3.5.1 雨水水质与安全

天然的雨水一般是比较干净的，但是，当我们仔细观察雨水时，会发现

图 3-20 进入雨水的不同的污染物

它并不纯净。

雨水水质随大气的质量而变化。下雨时雨水冲洗了大气，会携带空气中的悬浮物一起沉降下来，所以，有些城市雨水含有很多有害物质，如：汽车和工厂排放的二氧化硫、氢氧化物，以及一些烟尘黑灰、泥土和沙子等。在这种情况下，雨水水质情况就会比较糟糕。

雨水水质与集水面的清洁程度也有很大的关系。一般来说，屋面雨水水质相对较好，当然这也与屋面的材料有关，比如沥青屋面的水质一般比较差，瓦质屋面的水质相对较好。而从公路和停车场等集雨面收集的雨水多含有油类、垃圾、烟灰、金属粉末和其他有害物质，水质一般较差。

总之，雨水的水质情况是随着时间、气候、降雨强度和集雨面位置的变换而变化的。雨水的水质必须引起高度重视。一般，雨水 pH 值在 5.8～8.6 之间是令人满意的，数值越小，酸度越大。酸雨就是一直困扰我们的问题。

一场降雨中最开始的一段时间所降下的雨水被称为“初期雨水”，它含有的污染物最多，因此，雨水收集利用应将初期雨水弃掉。

一般来说，雨水经过简单的沉淀、过滤就可以用于非饮用水，包括一般绿化、冲厕、道路清扫、消防、车辆冲洗、建筑施工等用水。

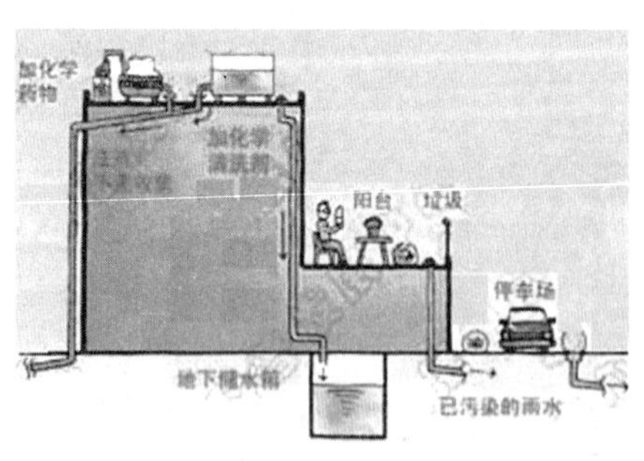

图 3-21 不同集雨场雨水水质不同

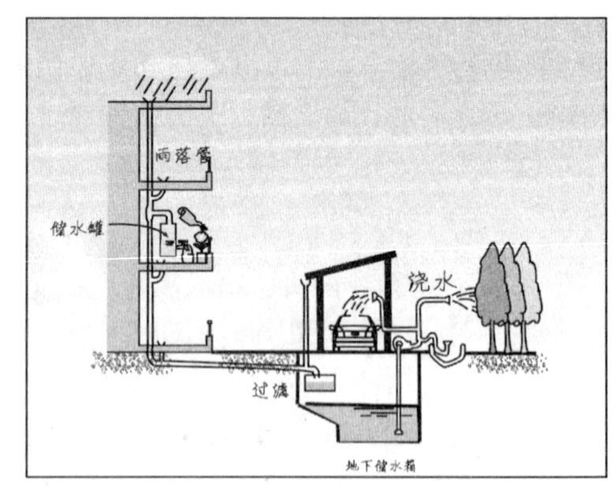

图 3-22 雨水的不同用途

当然，对于严重缺水的地区，雨水也不失为一种较好的饮用水水源。为此，我们不仅需要建设有效的净水系统，而且还需要重新考虑采用与环境友好的生活方式，并通过大家共同努力最大限度地减少大气污染。

3.5.2　高效的源头截污

为了保证雨水利用的安全性，应该考虑在集流面和收集管路实施一些简单有效的源头截污措施。

1. 屋面雨水截污措施

屋面是城市雨水利用中最常用的集雨面，屋面雨水常用的截污措施主要包括利用筛网或滤网清除杂物、弃除初期雨水以及花坛渗滤等措施。

(1) 筛网或滤网

聚集在屋顶雨水口周围和雨落管里的落叶、垃圾及泥沙等会污染雨水，而且会导致排水不畅并引起渗漏。由于清理雨落管比较困难，因此应该尽量避免这些杂物被雨水带进雨落管。此时可采取用网罩住雨落管口、用网盖住檐沟及在雨落管上装滤网装置等措施。

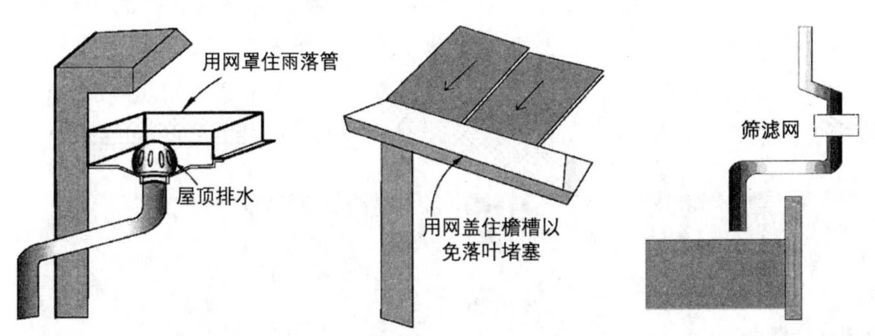

图 3－23　筛网清除杂质示意

为防止堵塞，筛滤网孔目不应太大，一般孔径为 2～10 毫米的筛网或滤网比较合适，并且一般用不锈钢金属网或塑料网制作，以免影响水质。滤网可以设计成局部开口的形式以方便清理，格网可以是活动式或固定式。

这类装置只能去除一些大颗粒污染物，对细小的或溶解性污染物无能为力，比较适用于水质比较好的屋面径流或作为一种预处理措施。

(2) 弃除初期雨水

初期弃流装置是将雨水初期污染物浓度高的径流进行弃流，便于收集后期比较干净的雨水回收处理利用的装置。

研究表明，屋面雨水一般可按 2 毫米控制初期弃流量，对有污染性的屋面材料，如油毡类屋面，可以适当加大弃流量。下面介绍一些适用于不同场合的屋面雨水截污装置，效果好，价格便宜。

最简单的办法是在雨落管和雨水罐/池之间的连接管上接一根引走初期雨水的管子，把初期雨水引走。然而，人们很难注意到什么时候下雨，而且弃流量也不好确定，因此不是很实用。

可以简单改造一下，即另外安装一个单独装初期雨水的小罐，当它蓄满后，将后期雨水切换到主雨水罐，这就是我们经常说的容量法，如图 3－24 所示。图中弃流罐内设有浮球阀，随着水位的升高，最终浮球堵住弃流罐，雨水将沿旁通管流入雨水调蓄池，再进行后期的处理利用。弃流罐的体积由设计的弃流雨量决定，如对于屋面来说，如果取初期弃流量为 2 毫米，则弃流罐的容积等于0.02×屋面面积。当弃流装置的容积较大时，可用池子代替。

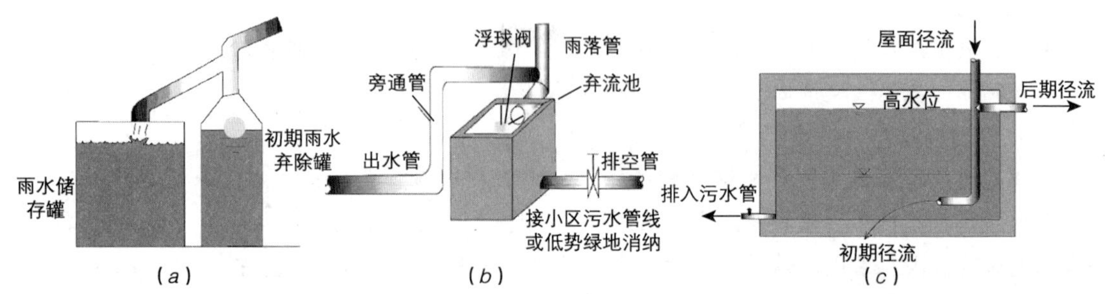

图 3－24 初期弃流示意

但是，当汇流面积特别大时采用上述的方法会造成弃流装置的容积过大。一种高效初期弃流装置（车伍、王文海、李俊奇、雷启华：国家发明专利技术，2003）便可解决此问题。图 3－25 为其实物图。采用高效初期弃流装置，其容积为正常弃流容积的几分之一甚至几十分之一。

图 3－25 高效初期弃流装置

降雨结束后，打开放空管上的阀门，将雨水就近排入附近污水井。当然，初期雨水也可以直接排入地下，但是由于水质较差会对地下水有影响。所以，最好把初期雨水与从雨水罐中溢流的雨水混合在一起后再进入渗水坑或井慢慢渗入地下。入渗的雨水通过土壤过滤或微生物作用后成为较为洁净的水回归地下。

（3）花坛渗滤

也可以利用建筑物四周的一些花坛来接纳、净化屋面雨水，既美化环境，又净化雨水。

屋面雨水如果是经过初期弃流后再进入花坛，净化效果会更好。在花坛中，一般会选用渗滤速率和吸附净化污染物能力较大的土壤填料，在满足植物正常生长要求的前提下，一般 0.5 米厚的渗透层就能显著地降低雨水中的污染物含量。

2. 路面雨水截污措施

路面雨水的水质一般明显比屋面雨水水质差，必须采用截污措施，主要包括雨水截污挂篮、雨水初期弃流等措施。

（1）截污挂篮

截污挂篮是依靠滤网对雨水进行截污的一种装置，主要用于路面的雨水口。

挂篮大小根据雨水口的尺寸来确定，其长宽一般较雨水口略小 20 ~100 毫米，方便取出清洗格网和更换滤布；深度保持挂篮底位于雨水口连接管的管顶以上，一般为 300 ~600 毫米。

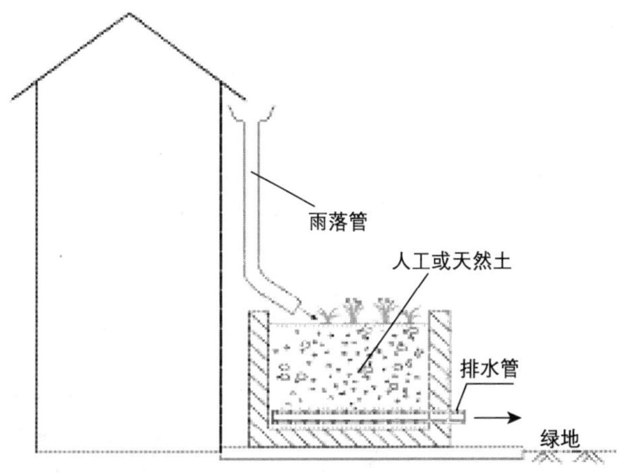

图 3－26　花坛渗滤示意

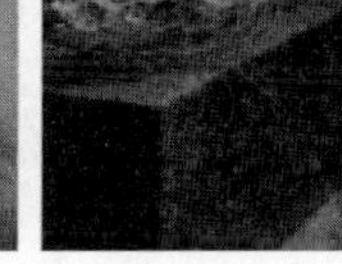

图 3－27　花坛渗滤

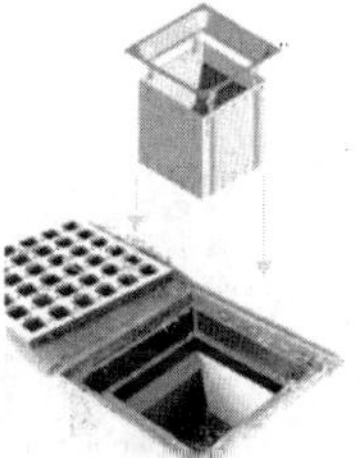

图 3－28　雨水口截污挂篮实物

为了保障截污效果，尤其是截留住初期雨水中冲刷携带的固体物质，且在暴雨时不会因截污挂篮而排水不畅，可以将挂篮分成上下两部分。侧壁下半部分和底部设置土工布或尼龙网，土工布规格应根据所用地点的固体携带物和雨水径流强度等来确定，一般为 100 ~300 克/平方米，有效孔径 50 ~90 微米，透水能力强，可拦截较小的污染物。为防止截污挂篮堵塞而减小过流能力，一般截污挂篮侧壁上半部分不设土工布，直接利用金属格网自然形成雨水溢流口，金属格网可拦截粗大污物。

（2）弃除初期雨水

城区路面初期雨水弃流装置的种类和设计类似屋面，但弃流量较大，根据污染情况，一般不宜少于 6 毫米，当然也可根据周围的环境条件适当减小。路面雨水弃流装置一般都是地下式，为了能使弃流初期雨水尽量依靠重力流至污水管，应尽量选择污水管线较雨

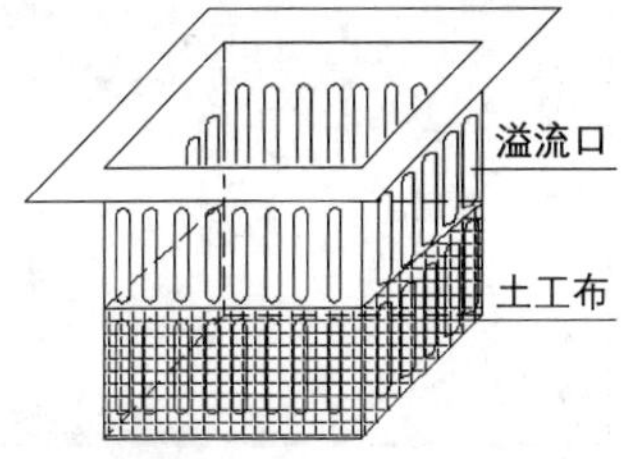

图 3－29　截污挂篮示意图

水管线低的地点设置弃流设施。

3. 植被截污措施

可以充分利用城市现有的大量绿地或各种植被地带，来有效截留雨水径流冲刷带来的污染物质。常用的技术措施有植被浅沟、低势绿地和植被缓冲带等。

图3－31为利用溢流台坎、滤网、挂篮等方式有效地拦截绿地带来的杂草和大颗粒的污染物。

在汇集、输送雨水径流的过程中，径流中尤其是一些小雨和初期雨水中的污染物，首先在随着雨水下渗和流动的过程中被土壤和表层的植被截留，之后再经过一系列物理、化学和生物吸收等复杂作用而得以降解。因此，它们也是常用的雨水净化措施。

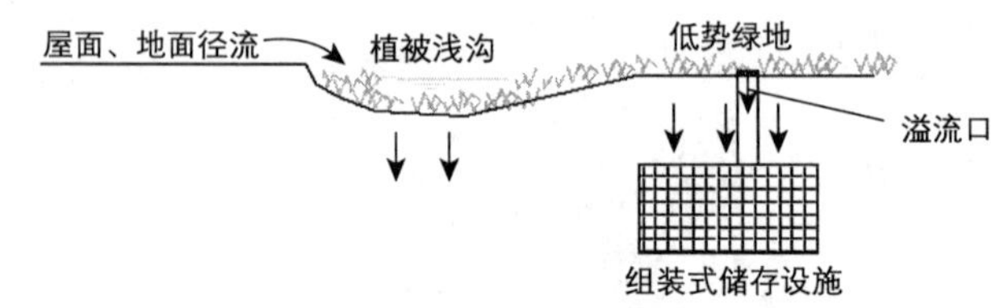

图3－30 植被浅沟、低势绿地示意

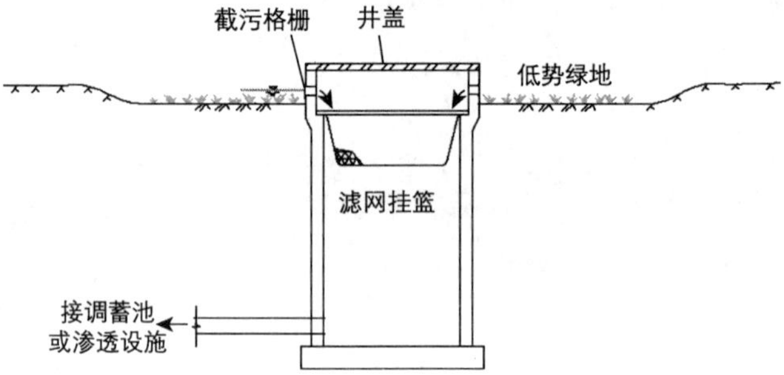

图3－31 绿地溢流台坎、滤网、挂篮示意

图3－32 雨水被土壤吸收过程（下）

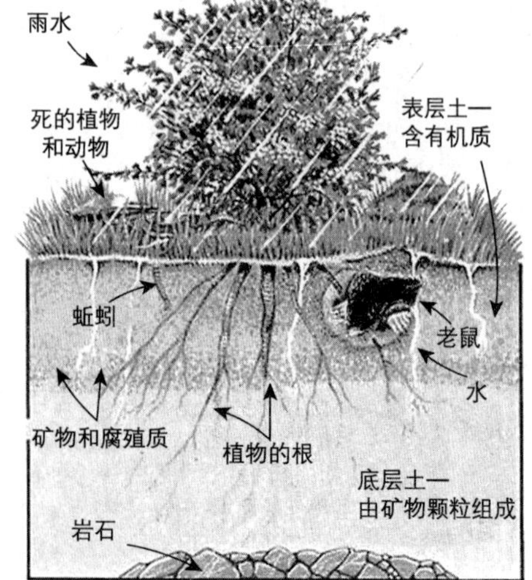

3.5.3 防涝与排放

随着逐步城市化，城市原有的自然环境如绿地、农田、湖泊湿地等被大面积的不透水地面所取代，雨水已经无法正常地渗入地下结果是，大量的雨水同时涌进排水管道而频繁引发城市洪水。为了更好地排放雨水，有效控制洪涝灾害，主要采取以下措施。

1. 工程性措施

传统的工程性措施包括加高加固防洪堤、整治河道、兴建水库等，利用城市河道、水库、湖泊洼地的调蓄功能滞留调蓄洪水，削减洪峰，使洪水泛滥的程度和几率减少。

目前，可以将工程性滞洪措施分为集中式与分散式两种。

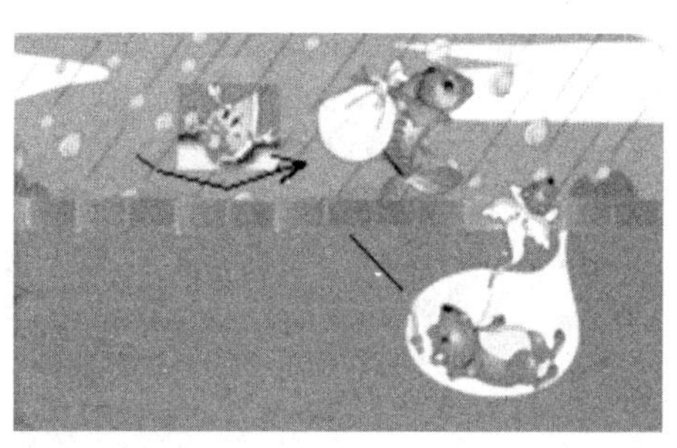

图 3－33　防涝与排水

集中式的措施主要是指各种储留设施，如雨水调节池、人工湖、干塘、湿塘以及停车场、屋顶或地下储水设施等。另外，这些设施也可建成与周边环境相适应的水景、运动场、休闲广场等形式，将雨洪控制与城市建设合理地结合在一起，即我们所说的多功能调蓄设施。

分散式的措施主要是利用天然地形、地貌及人工设施来截留、渗透雨水，使雨水尽量就地消纳，以便减少雨洪的地面径流，减少雨季进入市政管网的雨洪量，减轻城市洪涝。主要包括一些渗透措施、生物过滤措施（雨水花园等）、小型雨水收集装置等。

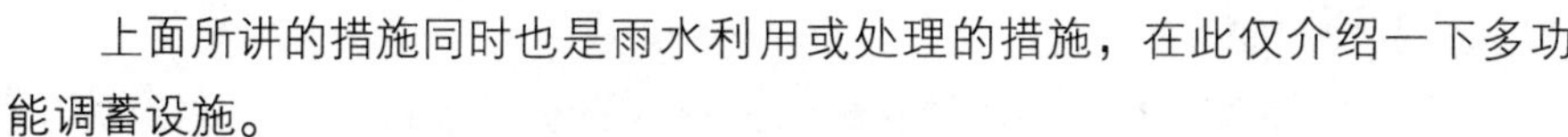

上面所讲的措施同时也是雨水利用或处理的措施，在此仅介绍一下多功能调蓄设施。

城市雨洪多功能调蓄设施是以调蓄暴雨峰流量为核心，把排洪减涝、雨洪利用与城市的景观、生态环境和其他一些社会功能很好地结合，高效率地利用城市土地资源的一类综合性的城市治水和雨洪控制利用设施。通过合理的设计，这些设施能较大幅度地提高防洪标准、降低排洪设施的费用，更经济、有效地调蓄利用城市雨水资源和改善城市生态环境。

多功能雨洪调蓄设施是在传统的、功能单一的雨水调节池的基础上发展起来的。

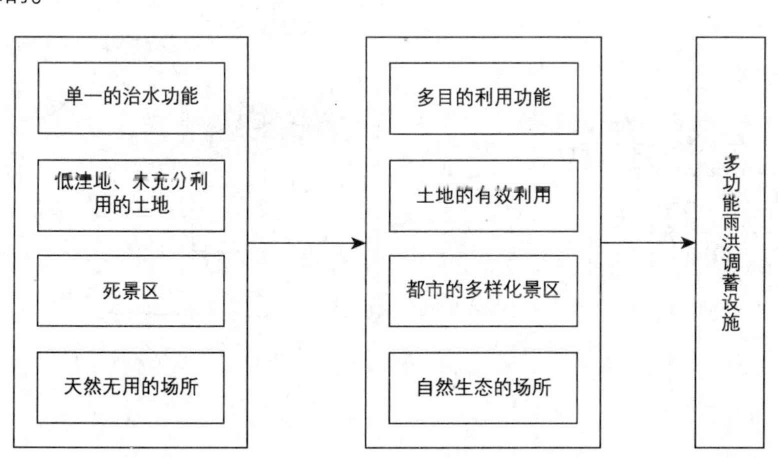

图 3－34　多功能调蓄的发展过程

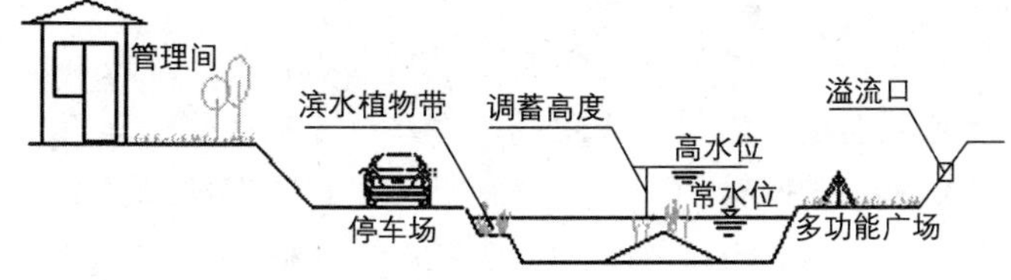

图 3－35　多功能调蓄设施断面示意

多功能调蓄水景观

多功能调蓄儿童公园

小区内的多功能调蓄休闲场所

停车场多功能调蓄场所

图 3－36 多功能调蓄设施实例

多功能雨洪调蓄设施构造一般包括设施主体、进水口、前置沉淀设施、出水口（溢流口)、预警系统及其他附属功能设施。

2. 非工程性措施

非工程性措施包括建立、健全城市防洪减灾保障体系、加强洪水预报、实施洪水监测等科学管理措施。

还有就是思路的转换，把“控制洪水”的理念转为“治理洪水”，由单纯的“排放洪水”的思路转为“利用洪水”的思路，把钱转向投入修建雨水收集利用设施和雨水地下入渗装置等，在防洪的同时充分利用雨洪资源。

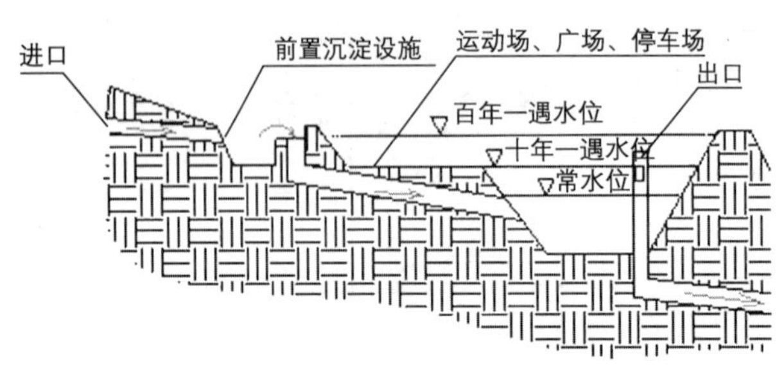

图 3－37 多功能调蓄设施结构断面图

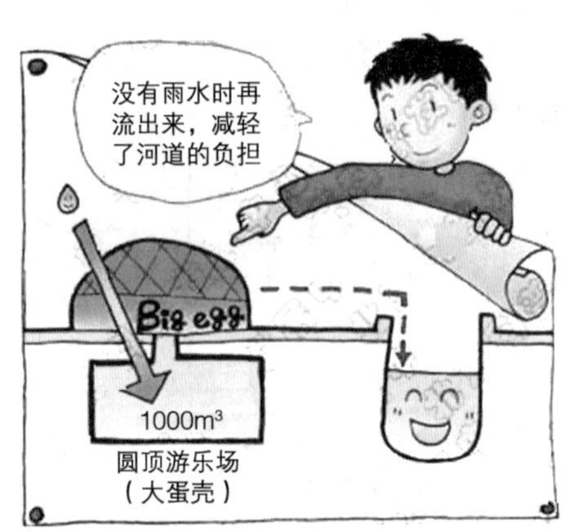

图 3－38 治理和利用并重

3.5.4 科学的人工处理

1. 沉淀雨水中的泥沙、固体颗粒

为了去除混入雨水中的泥沙，必须在雨水进入雨水储存装置或调蓄池之前设计沉沙池或沉淀池。为了节省空间，雨水沉淀池多建于地下，一般可采用钢筋混凝土结构、砖石结构，小规模时也可以用砖石结构、塑料、玻璃钢等材料。如果选用塑料等有机材料，在酸雨较多的地区可添加适量的硅、钙，中和雨水的酸性。

从集雨面收集的雨水中含有多种不同粒径的颗粒，从悬浮于空气中的极小颗粒到暴雨从集雨面或雨箅子带来的沙粒，甚至是小石子等杂物，这些悬浮物甚至石子的比重大于水的比重，所以自然会慢慢沉到池底，这即所谓的重力沉降。沉淀池便是靠重力沉降去除这些杂物的。

（1）利用沉沙池、沉淀池

从集雨管流下来的携带有泥沙的雨水，经初期弃流后可以先在沉沙池中沉积泥沙，再在沉淀池中沉积悬浮颗粒，对于水质较好的雨水，经过这样的处理后，澄清的就可供使用。

沉淀池的停留时间长，因此它的容积也要比沉沙池大。为了利于泥沙和悬浮物的沉淀和排除，一般将沉淀池和沉沙池的底部做成斜坡或凹形。

还有一种比较简易的方法是将雨水储存池分割出沉沙区、沉淀区和储存区，不必再分别建沉沙池、沉淀池及储存池。

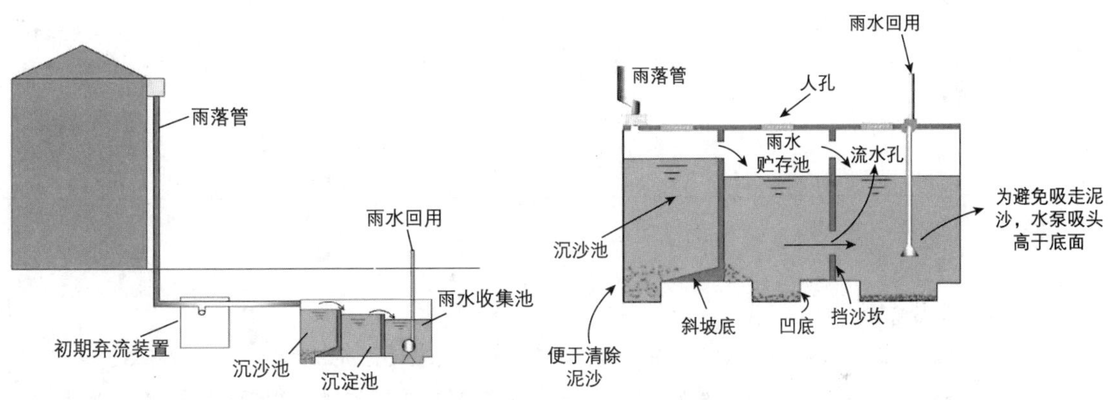

图3－39 利用沉砂池、沉淀池　　图3－40 雨水储存池分成多个区域

沉沙池位于沉淀池前面，雨水在沉沙池中滞留大约30～60秒，泥沙便可沉在槽底而被清除。流经沉淀池的雨水，在沉淀池内停留时间一般取2～3个小时。当然，雨水在沉淀池的停留时间还要视悬浮物的种类而定。

对于体积小于10立方米的雨水储存池，一般很少设置沉沙池而只设置沉淀池。

（2）沉淀罐

沉淀罐连接在雨水储存器前面，由于它可以大大减少随着雨水而带来的各种混杂物，因此，可以延长清洗储存器的间隔时间。

图3－41 沉淀罐示意

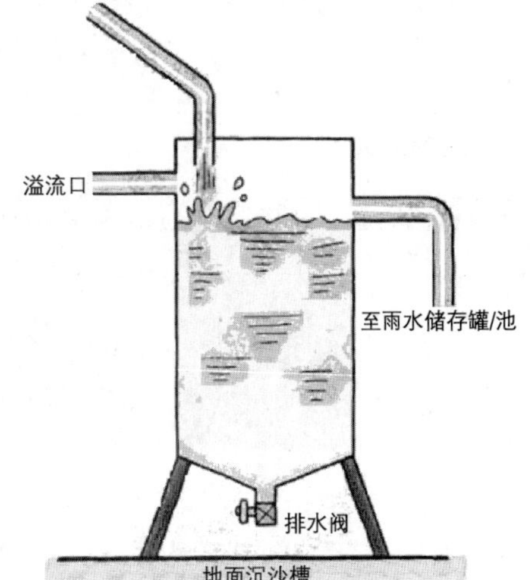

（3）静态沉淀池

考虑降雨的非连续性，也可根据雨水沉淀的特点设计为静态沉淀池，与雨水调蓄池共用，以减少投资。即在降雨过程中首先将雨水收集至调蓄池，待雨停后再静沉一定时间，将上面的澄清水取出使用或排入后续处理构筑物。

（4）静态沉淀池

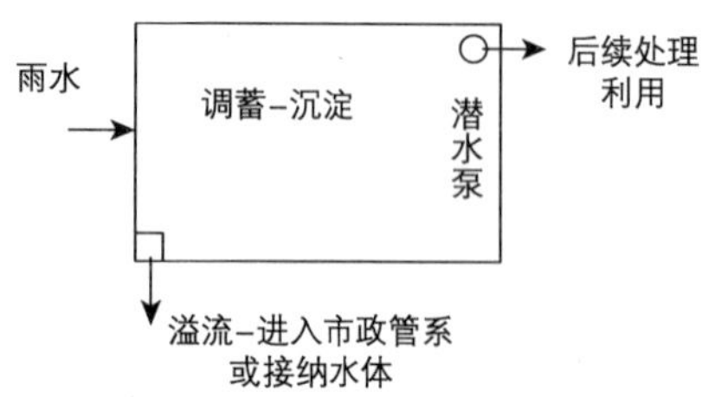

图 3-42 沉淀池平面示意

有条件时，最好能利用已有的水体进行调蓄、沉淀，如利用景观水池、湿地水塘等，可大大降低投资，同时还有很好的净化作用。如水质较差，可考虑设计前置沉淀塘来保护整个系统的正常运行和维护。

2. 过滤处理

进入雨水中的固体悬浮物及颗粒中还有一些比重较小的泥沙及灰尘等物质，这些悬浮物颗粒过细，只靠沉淀池很难除干净，有效的办法是设置过滤池进行进一步的过滤处理。

雨水过滤是使雨水通过滤料（如砂等）或多孔介质（如土工布、微孔管、网等），以截留水中的悬浮物质，从而使雨水得到净化的物理处理法。这种方法既可作为用以保护后续处理工艺的预处理，也可用于最终的处理工艺。雨水过滤的处理过程主要是利用悬浮颗粒与滤料颗粒之间的粘附作用和物理筛滤作用。过滤不仅可以去除雨水中的悬浮物，而且部分有机物、细菌、病毒等也将随悬浮物一起被除去。

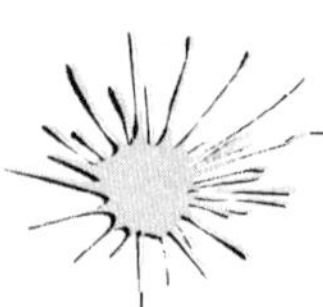

(1) 砾层简易过滤

这种方法是用砂砾石组成过滤层，最常用、效果最好的是坚硬花岗石破碎而成的砂砾石，也可使用形状类似的硬塑料。砂砾层的厚度对过滤效果是有影响的，但从养护方面考虑并不是越厚越好，一般 70 厘米左右的厚度是合适的。为了保证过滤的效果，对砂滤过率层有必要定期检查并去除沉积在砂砾层上的淤泥等杂物。为了便于维护管理，可以将砂砾放在网筐里（类似于石笼），这样只需将网筐提取出来清洗干净再放回去即可，比较方便。

(2) 金属或树脂网过滤

该方法是采用网目细小的滤网过滤器，过滤效果较好。但是，因为网目过于细小容易堵塞，因此需要经常检查和清洗。比较好的是，这与上面的砂砾过滤层相比，清洗起来比较简单。

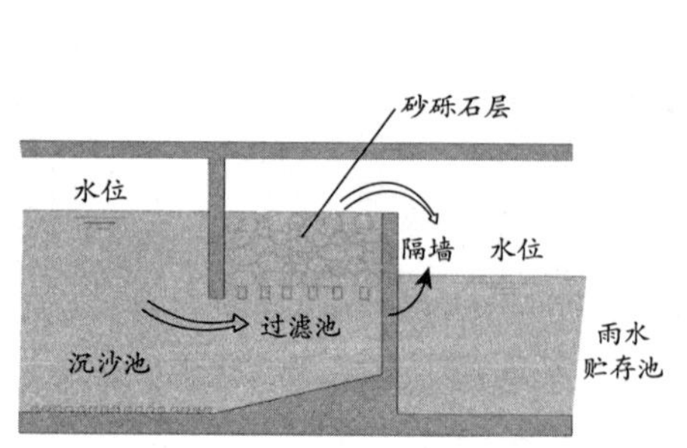

沙砾过滤池示意

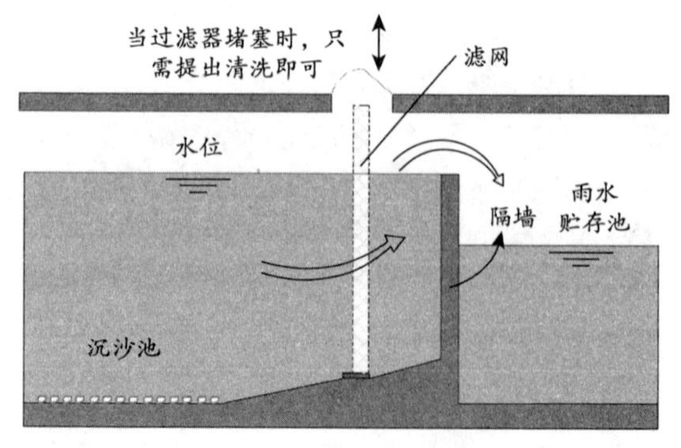

滤网过滤池示意

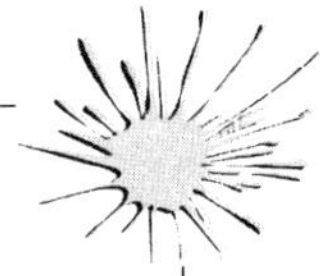

（3）膜滤

膜滤所用过滤介质为人工合成的滤膜。我们所说的电渗析法、钠滤法即属于这一类。膜滤法的费用较高，所以在雨水净化中较少采用，仅在雨水回用有较高水质要求及有相应的费用承受能力时才采用。

（4）生物过滤

生物过滤是指利用土壤－植物生态系统过滤的一种技术，是利用机械筛滤、植物吸收、生物粘附和吸附、生物氧化分解等综合作用来截留悬浮固体和部分溶解性物质的一种过滤方式，因此效果较好。狭义的雨水过滤仅指以粒状材料为过滤介质的滤层过滤。

雨水滤池滤料与常规水处理滤池相同，常用的有石英砂、无烟煤、纤维球等。滤料可以为单层，也可以为双层或多层。操作可上向流，也可下向流。一般雨水具有悬浮物浓度较高、水质及流量变化比较大等特点，所以除选择机械强度好、成本低的滤料外，还可选择双层或多层滤料。

用粒状材料的雨水滤池有多种方式，有代表性的是直接过滤和接触过滤。在雨水水质较好时，较多采用这两种方式。直接过滤即雨水直接通过粒状材料的滤层过滤；接触过滤是在进入过滤设施之前先投加混凝剂（硫酸铝、三氯化铁和聚合氯化铝等），利用絮凝作用提高过滤效果。

以筛网或类似的带孔眼材料为过滤介质，截留的颗粒约在 100 微米以上；以筛网、多孔材料为过滤介质时，所截留的颗粒约为 0.1～100 微米。另外，直接过滤对化学需氧量的去除率较低，根据水质的不同有时可能仅为 25%左右，而接触过滤可达 65%以上。接触过滤对沉淀颗粒的去除率可达 90%以上。对雨水中氮的去除率大于 30%，金属的去除率大于 60%，细菌的去除率为 35%～70%左右。

3. 消毒处理

雨水经沉淀、过滤或滞留塘、湿地等处理工艺后，水中的悬浮物浓度和有机物浓度已较低，细菌的含量也有所减少，但其绝对值仍可能较高，并且可能含有病原菌。因此，雨水要想作为饮用水源，应该在最终利用前进行消毒处理。

消毒是指通过消毒剂或其他消毒手段杀灭水中绝大部分病原体，使雨水中的微生物含量达到用水指标要求的各种技术。经消毒后的雨水在进入输送管前，必须进行水质检测，符合相关用水的细菌学指标的要求。为防止病原体的危害或再生长，消毒作用必须一直保持到用水点处。

常用的消毒方法包括物理法和化学方法。物理方法主要有加热、冷冻、辐照、紫外线和微波消毒等。化学方法主要是利用各种化学药剂进行消毒，常用的化学药剂有各种氧化剂（氯、臭氧、溴、碘、高锰酸钾等）。

与生活污水相比，雨水的水量变化大，水质污染较轻，而且利用具有季节性、间断性，因此宜选用价格便宜、消毒效果好、具有后续消毒作用、维护管理简便的消毒方式。因此，建议采用技术最为成熟的加氯消毒方式，小规模雨水利用工程也可以考虑紫外线消毒或投加消毒剂的方法。一般在不与人体接触的雨水利用项目中（如雨水通过较自然的收集、截污方式，补充景观水体），消毒可以只作为一种备用措施，而加热消毒、金属离子消毒不宜采用。

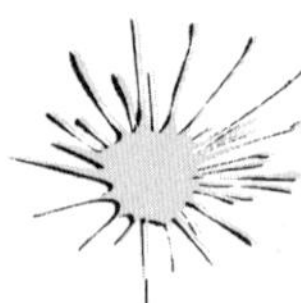

参考阅读：常用雨水消毒方法

（1）液氯消毒

液氯与水反应所产生的次氯酸（OCl^-），是极强的消毒剂，可以杀灭细菌与病原体。消毒的效果与水温、pH 值、接触时间、混合程度、雨水浊度及所含干扰物质、有效氯浓度有关。加氯量一般根据试验确定。在无试验数据时，可以按经验选用：水质相当于生活污水一级处理的排放水质时，投加氯量为 20～30 毫克/升；水质相当于生活污水不完全二级处理的排放水质时，投加氯量为 10～15 毫克/升；水质相当于生活污水二级处理排放水质时，投加氯量为 5～10 毫克/升。同时，氯与消毒雨水的接触时间不小于 30 分钟。

（2）臭氧消毒

臭氧具有极强的氧化能力，对具有顽强抵抗能力的微生物如病毒、芽孢等都有强大的杀伤力。臭氧除具有强的杀伤力外，还具有很强的渗入细胞壁的能力，可以破坏细菌有机体的链状结构从而导致细菌的死亡。

（3）次氯酸钠消毒

从次氯酸钠发生器发出的次氯酸可直接注入雨水中，进行接触消毒。不同厂家技术参数不同，有效氯产量一般为 50～1000 克/小时。

（4）紫外线消毒

水银灯发出的紫外光，能穿透细胞壁并与细胞质反应从而达到消毒的目的。紫外光波长为 2500～3600A 时其杀菌能力最强。因为紫外光需要照透水层才能起消毒作用，故水中的悬浮物、浊度、有机物和氨、氮都会干扰紫外光的传播。因此，水质越好，光传播系数越高，紫外线消毒的效果就越好。同时，紫外线消毒也可作为规模较大的雨水利用工程的选择方案。

二氧化氯（ClO_2）以自由基单体存在，对大肠杆菌、脊髓灰质炎病毒、甲肝病毒、兰泊氏贾第虫胞囊等均有很好的杀灭作用，效果优于自由性氯消毒。在 pH 为 8.5～9.0 范围内其杀菌能力比 pH 为 7 时更有效，而且二氧化氯的残余量能维持很长时间。二氧化氯的投加量与原水水质和投加用途有关，需通过试验确定。投加浓度必须控制在防爆浓度以下，二氧化氯溶液浓度可采用 6～8 毫克/升，并且必须设置安全防爆措施。

3.5.5 经济生态的自然处理

1. 植被浅沟和植被缓冲过滤带

植被浅沟和植被缓冲过滤带在上节中已经提过，它们既是一种雨水截污措施，也是一种自然净化措施。当雨水径流通过植被时，污染物由于过滤、渗透、吸收及生物降解的联合作用被去除。同时，植被的拦截作用也降低了雨水流速，使颗粒物得到沉淀，达到雨水径流水质控制的目的。

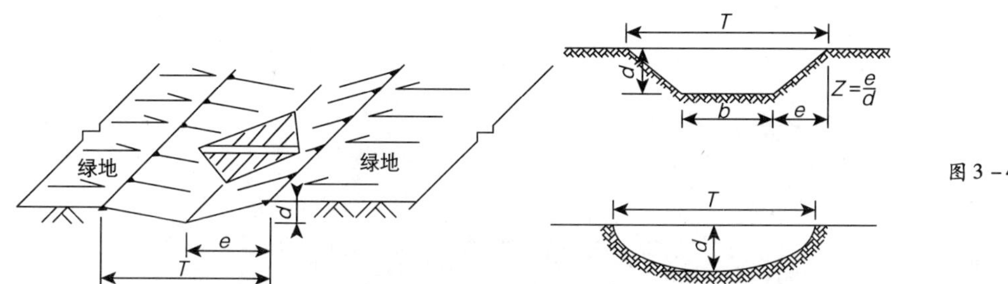

图3－43　植被浅沟示意

植被浅沟可以有效地减少悬浮固体颗粒和有机污染物，同时，对钯（Pb）、锌（Zn）、铜（Cu）、铝（Al）等部分金属离子和油类物质也有一定的去除能力。植被能减小雨水流速，保护土壤在大暴雨时不被冲刷，减少水土流失，可作为雨水后续处理的预处理措施，也可以与其他雨水径流污染控制措施联合使用，而且建造费用较低，自然美观。它具有雨水径流的汇集排放与净化相结合的功能，并具有绿化景观功能。

图3－44　植被浅沟实例

植被浅沟和植被缓冲带对污染物的去除效果主要取决于雨水在浅沟或过滤带内的停留时间、土质、淹没水深、植物类型与生长情况等。

植被浅沟和过滤带较适用于居民区、公园、商业区或厂区、湖滨带，也可以设于城市道路两侧、地块边界或不透水铺装地面周边，一般与场地排水系统、街道排水系统构成一个整体。植被浅沟还可部分或全部替代雨水管系（较小的汇水流域），这样同时可以满足雨水输送和雨水净化的要求。

植被厚度对流量的延缓程度不同，平均草长一般为50～250毫米。对浅沟来说，流速一般较大，平均草长可稍大，一般为100～200毫米；对缓冲带来说，草应稍低，一般为50～100毫米。草类一般选用恢复力较强、能在薄砂和沉积物堆积的环境中生长的植物，并且尽量选择适宜当地生长且需肥少的草种。

当纵向坡度超过2%时，可以将浅沟做成阶梯状，使其纵坡平均为2%或小于2%。浅沟和过滤带的入流应能快速地将径流流速分散成小冲力的流速。浅沟和过滤带的设计出流应考虑一些分散措施（如铺设石块消能等），避免冲蚀破坏下游设施。如果浅沟和过滤带中有较厚沉积物则应采取适当的预处理。

2. 屋顶绿化

屋顶绿化是指在各类建筑物、修建物等的屋顶、露台或天台上进行绿化、种植树木花卉。屋顶绿化一般比较适合新建建筑，可以将屋顶绿化与荷载、防水等要求一起考虑。旧建筑由于大多数设计时未考虑足够的荷载而无法采用。但经过核实，确认符合适用条件后，也可采取简单绿化的做法，将各层厚度和荷载相应减小。

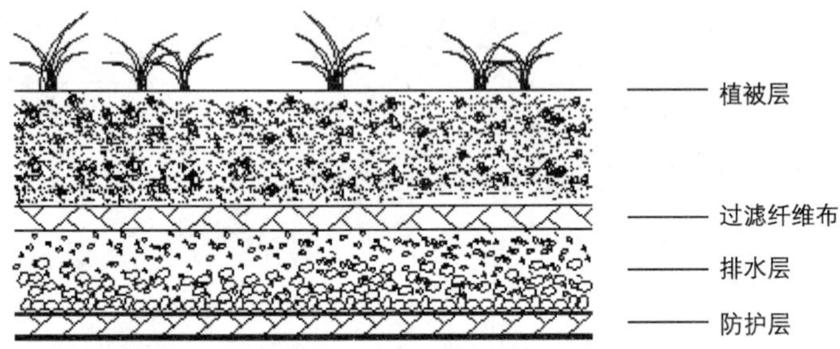

图 3－45 屋顶绿化的基本构造示意图

屋顶绿化的基本构造层由下至上是由保护层、排水层、过滤层和植被层。保护层是屋面的防水层和对植物根系的防护层，可以由塑料、水泥砂浆抹面等铺设。排水层的作用是吸收种植层中渗出的降水，并将其输送到排水装置中，同时防止水淹种植层，一般可用天然砂砾、碎石、陶粒、浮石、膨胀页岩等，也可使用塑料编织垫、泡沫塑料板、碎煤渣等，其厚度一般为 5～15 厘米。过滤层的主要作用是滤除被水从种植层冲走的泥沙，防止排水层堵塞和排水管泥沙淤积，一般可采用土工布铺设。

植被种植层土壤的选择非常重要，一般应选择孔隙率高、密度小、耐冲刷、可供植物生长的洁净天然或人工材料。最常用的有火山石、沸石、浮石、膨胀页岩、膨胀黏土、炉渣等与土壤的混合料，也有一些公司生产的专门种植材料。

为了确保屋顶不漏水和屋顶排水的通畅，可以考虑双层防水和排水系统，即除了建筑物屋顶原设的防水、排水系统外，在种植层底部再增加一道防水和排水措施。在种植区设置排水管或排水沟，雨水汇集到排水口后再通过雨水管排入地面雨水池或雨水渗透设施。同时，在靠近雨水收集管的种植区表面还要考虑溢流口，一旦遇到暴雨，超出土壤渗透能力的降雨可通过溢流口直接下排，不会造成屋顶过量集水。另外，雨水收集管周围可适当填塞卵（碎）石，或在溢流口设置滤网拦截树叶与杂草。

图 3－46 屋顶绿化集水管做法示意图

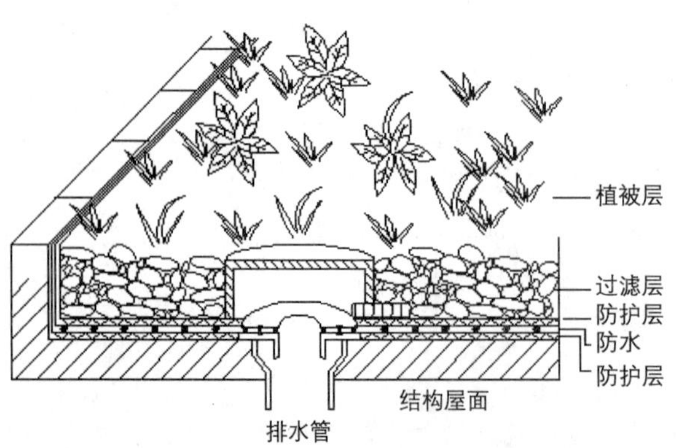

3. 雨水花园

雨水花园，又称为生物滞留区域，是在地势较低的区域种植植物，通过植物截流、土壤过滤来处理小流量径流雨水，并对处理后的雨水加以收集利用的措施。

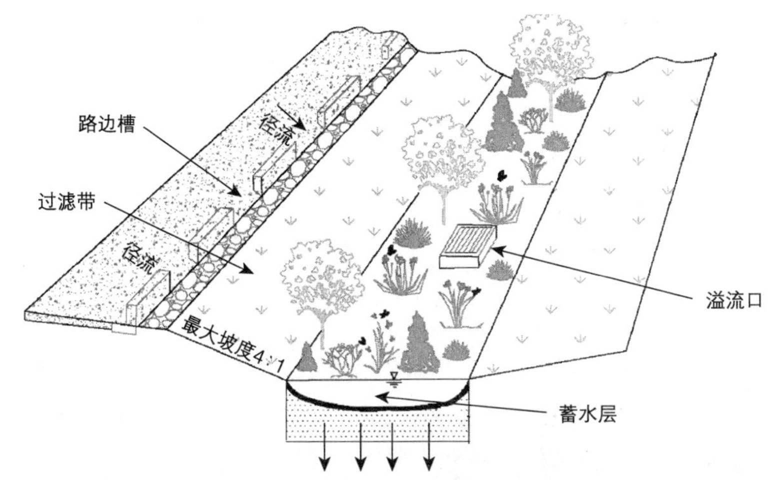

图 3－47　雨水花园示意

图 3－48　雨水花园

通过植物截流和土壤过滤作用处理径流雨水，可有效去除雨水中的小颗粒固体悬浮物、微量金属离子、营养物质、细菌及有机物，控制径流量。保护下游管道及各雨水构筑物；合理的设计加上妥善的维护，能够改善小区环境，达到令人称心的美学要求。

生物滞留区域由表面雨水滞留层、种植土壤覆盖层、植被及种植土层、砂滤层等部分组成。

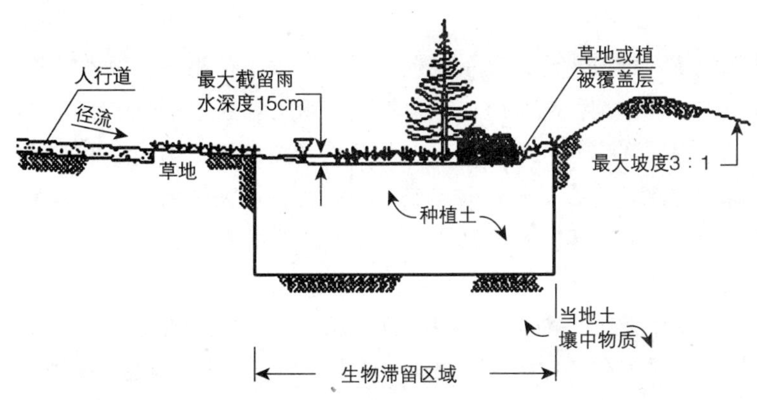

图 3－49　生物滞留区域构成示意

（1）表面雨水滞留层

在系统表面留有一定低于周边地表标高的空地，用以收集径流雨水；当径流量大时，暂时储存雨水。

（2）种植土壤覆盖层

在种植土表层铺树叶、树皮等覆盖物，防止雨水径流对表面土层的直接冲刷，减少水土流失。还可以为生物生长、分解有机物、过滤污染物提供媒介。

（3）植被及种植土层

该层结构用于过滤径流雨水，种植土层由50%的表层砂性黏土和50%的粒径在2.5~5毫米的炉渣组成。植物选择上需要注意的是应选择当地的常见树本、灌木以及草本植物，品种还应保持在3种以上。

（4）砂滤层

在砂滤层和种植土层间添加200克/平方米土工布，用于防止土层被侵蚀进入砂滤层堵塞渗管。渗管开孔率不小于2%，砂滤层采用黄豆大小的滤料。

还有一种结构比较简单的雨水花园，类似于我们经常所说的花园，但是这种花园在美化环境的同时还可以滞留、净化雨水，也是一种简单的雨水处理措施。这种花园应尽量选择本地植物，并且选择一些四季性的植物（如灌木、草、蕨类植物等）；尽量选择在水中浸泡48小时仍能存活而且可以耐旱的植物；从美化环境的角度考虑尽量选择漂亮的能吸引蜜蜂、蝴蝶的植物。

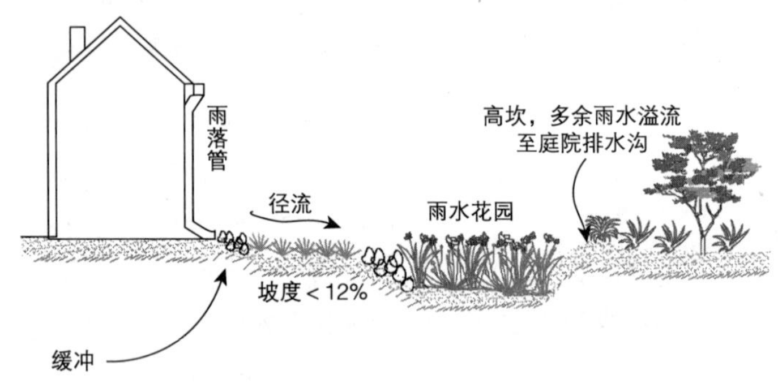

图3-50 简单的雨水花园示意

4. 土壤渗滤

人工土壤-植被渗滤处理系统是应用土壤学、植物学、微生物学等基本原理建立的人工土壤生态系统，它改善了天然土壤生态系统中的有机环境条件和生物活性，强化了人工土壤生态系统的功能。它把雨水收集、净化、回用三者结合起来，构成了一个雨水处理与绿化、景观相结合的生态系统，是一种低投资、节能、运行管理简单、适应性广的雨水处理技术。它一般适用于城市住宅小区、公园、学校、水体周边等。

雨水土壤渗滤技术实质是一种生物过滤。其核心是通过土壤-植被-微生物生态系统的净化功能来完成物理、化学、物理化学以及生物等净化过程。

土壤渗滤的作用机理包括土壤颗粒的过滤作用、表面吸附作用、离子交换、植物根系和土壤中生物对污染物的吸收分解等。

天然土和人工配制土的渗滤对雨水主要污染物有明显的去除净化作用，并表现出具有耐冲击负荷能力和良好的再生功能。人工土具有良好的通透性，改善了土壤的物化条件和微生物栖息条件，有更强的净化能力；土壤垂直渗滤净化效果与渗透深度密切相关，地表 1 ~1.5 米厚土壤层可去除大部分有机污染物；土壤水平渗滤效果与渗滤长度相关，人工土 15 米长度出水的去除率高达 80% ~90%。

土壤渗滤的形式有垂直渗滤和水平渗滤两种。

（1）土壤垂直渗滤

土壤垂直渗滤的净化效果好，主要用于雨水集蓄回用、雨水回灌地下，也可作为雨水塘的水质保障措施或其他净化技术的预处理措施。

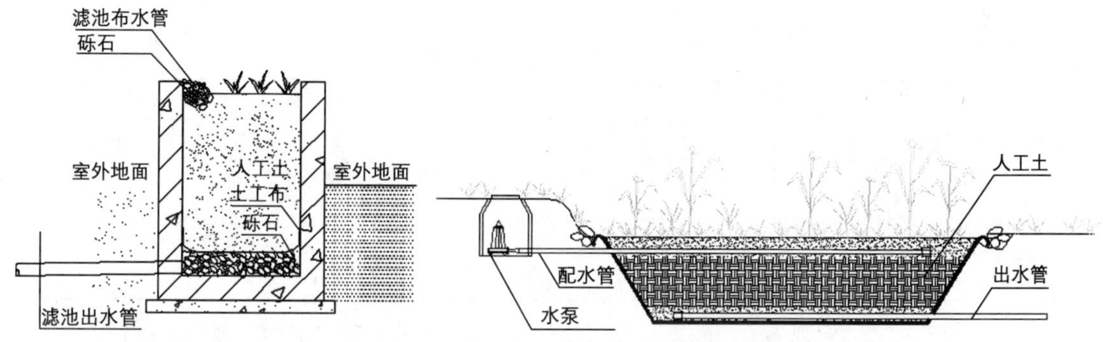

图 3－51　土壤垂直渗滤净化系统构造和应用示例

（2）土壤水平渗滤

雨水土壤水平渗滤主要有植被浅沟、植被缓冲带、高花坛等技术，也可用于低势绿地和植被带雨水排放系统。当从地下调蓄池抽水过滤净化时，一般需要泵提升，当直接用于过滤汇水面汇集的雨水径流时，则可通过卵（碎）石布水区重力流入。

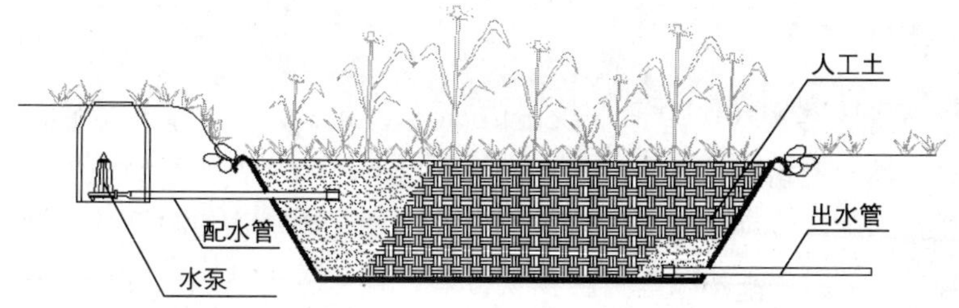

图 3－52　土壤水平渗滤示意

选择土壤的基本原则是用作渗滤的土壤应具有较强的净化能力和较高的水力负荷。用作土壤渗滤的材料，要求有一定的渗透率。当用渗滤技术处理雨水回灌地下水时，渗透系数一般不小于 10^{-6} 米/秒，当用渗滤技术处理雨水回用时，渗透系数一般不小于 10^{-5}米/秒。土壤要有一定的耐污染负荷的能力和较强的吸附性能，并且有利于植物生长。

在我国大多数地区，当垂直渗滤技术用于净化雨水回用时，可以选用按一定比例配置的天然砂性土和炉渣人工土壤层作为渗滤土，并且在表层覆盖一定厚度的腐质土，这有利于植物生长。这种滤层具有渗透率大、吸附能力强、易于获得且价格低廉的优点。

另外，也可选用天然砂性土、耕层壤质土、草炭等为原料。砂性土是具有一定通透能力的基本骨架，肥沃耕层土是生物活性接种剂，草炭改善和维持生物活性的能源和营养源。

不管是天然土还是人工土，对雨水中污染物的去除率都随着渗透深度的增加而增加，但土层的厚度增加到一定程度后，去除率的增加就变得很少。因此，应根据所选土壤来测定不同深度所对应的污染物去除率，根据净化要求来选择土壤厚度。

土壤渗滤技术土层最小厚度 **表 3-3**

技术措施	用途	主要渗滤方式	土壤类型	土壤厚度（米）
垂直土壤渗滤床	回用	垂直渗滤	人工土	1.2～1.6
垂直土壤渗滤床	回灌地下	垂直渗滤	人工土或天然土	1.2～1.6
高花坛	预处理	水平渗滤	人工土或天然土	0.4～0.8
植被浅沟或植被缓冲带	雨水收集、排放或雨水塘水质保障	水平渗滤	人工土或天然土	0.2～0.4

土壤渗滤系统的植物选择应考虑如下条件：植物的品种具有一定的抗旱和耐水能力；能够耐夏季高热、冬季寒冷；应尽量选择适应当地气候条件的本地植物，以利于生长且费用较低；选择对土壤肥力和性能要求不高的品种；尽量与景观设计相协调。

滤池可就地取材，选用砖、石结构或钢筋混凝土结构，也可直接使用防水膜加保护层的做法。滤池平面形状不受限制，根据地形条件而定。为便于施工，滤池平面通常采用矩形。此外，滤池设置应通风透光，利于植物生长。

5. 雨水湿地

城市雨水湿地大多为人工湿地（Constructed Wetland），它是一种通过模拟天然湿地的结构和功能，人为建造和控制管理的与沼泽地类似的地表水体。雨水人工湿地作为一种高效的控制地表径流污染的措施，投资低，处理效果好，操作管理简单，维护和运行费用低，是一种生态化的处理设施，具有丰富的生物种群和很好的环境生态效益。

湿地利用自然生态系统中的物理、化学和生物的多重作用来净化雨水，同时还兼有削减洪峰流量、调蓄雨水径流和改善景观的作用。

雨水湿地可分为表流湿地系统和潜流湿地系统两类：

图3-53　雨水湿地示意

表流湿地系统也可称水面湿地系统，在地下水位低或缺水地区，通常是衬有不透水材料层的浅蓄水池，防渗层上充填土壤或砂砾基质，并种有水生植物。这种湿地系统与自然湿地最为接近，因而，难以充分利用生长在填料表面的生物膜和生长丰富的植物根系对污染物的降解作用，处理能力一般较低。同时，如果管理不善，这种湿地系统的卫生条件会很差，易在夏季孳生蚊蝇、产生臭味而影响湿地周围环境；在冬季，尤其我国北方地区则易发生表面结冰问题。该系统所需投资较低。

潜流湿地系统亦称渗滤湿地系统。它一方面可以充分利用填料表面生长的生物膜、丰富的植物根系及表层土和填料截留等作用，净化效果较好；另一方面由于水流在地表以下流动，有保湿性较好、处理效果受气候影响小、卫

参考阅读：雨水湿地的净化机理及效果

降低湿地水流流速，防止沉淀颗粒和细小颗粒重新浮起；过滤杂质、漂浮物等；植物根系可吸附水中的污染物如金属、氮、磷和有机物等；植物根系表面是重金属和一些有机物沉积的场所，一些植物如芦苇等植物根系分泌物能杀死污水中的大肠杆菌和病原体等；由于光合作用等过程使根部形成好氧区有利于硝化，而远离根部形成的缺氧区甚至厌氧区有助于反硝化，从而使湿地达到脱氮的目的；植物的覆盖降低了水温及一些植物对藻类的直接抑制作用，可以减少发生水华的可能。

湿地土壤是湿地动植物和微生物活动的载体，其去污过程包括离子交换、选择性或非选择性吸附、过滤、沉淀等。人工湿地基质一般采用砂砾或有机土壤，孔隙率较大，径流量小时，通过基质可调蓄部分水量，降低污染物负荷率，但降雨径流的间隔时间较短时，基质的这种功能就会下降。此外，人工湿地中有一部分磷等污染物可通过吸附在颗粒物上通过沉淀而得到去除。

研究资料表明湿地系统成熟后，填料表面和植物根系由于大量微生物的生长而形成生物膜，雨水中的沉淀颗粒被它们所截留，有机污染物由于生物膜吸收、同化及异化作用而被去除。人工湿地对雨水中有机污染物有较强的降解能力，还可去除病原体和重金属。

湿地系统一般都设有前置预处理池，湿地所服务的汇水面积较小时（如小型湿地），前置预处理池可以用过滤带替代。

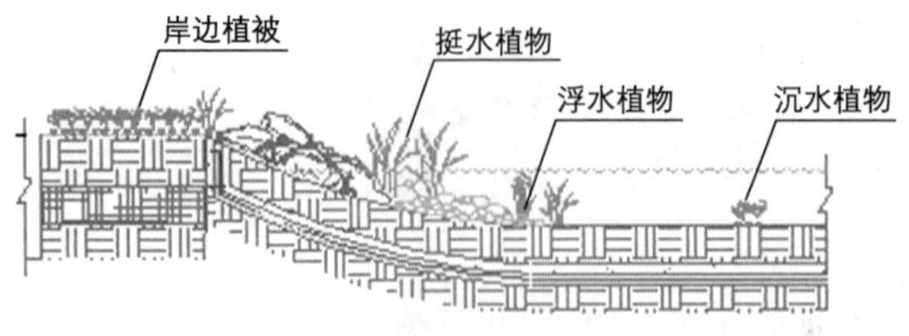

图 3－54 湿地植物分布示意图

生条件较好的特点。故该系统更适合于寒冷地区，且不易产生蚊蝇。但是，该系统有时易发生堵塞，所以通常在该系统前先沉淀去除悬浮固体。潜流湿地由于需换填砂砾等基质，建造费用比表流系统要高。

潜流系统可以设计为平流式或垂直流式。平流式潜流湿地能有效降解有机物和悬浮固体，去除病原体的效果极佳，但由于相对缺氧，氨的硝化较难进行。垂直流潜流系统可以间歇配水促进氨硝化，而且交替运行的潮湿期和干燥期可以提高基质的固磷作用。

如果能将直流式和平流式潜流湿地串联起来联合使用，则可以取得较彻底的处理效果。

雨水人工湿地非常适合建在城郊或人口密度低的地区，小型湿地适合建在道路附近（有充足的汇流水量）或占地面积大而建筑密度较小的公园或住宅区。在一些特殊地点，人工湿地必须有防渗处理以防止污染地下水。

湿地中的植物分布和水深有关，水深小于 0.3 米的水域，一般种植千屈菜、地肤、水蓼、三棱草、慈姑、鸢尾等浅水植物；水深 0.3～0.6 米的水域，一般种植芦苇、菖蒲、水葱等挺水植物；水深 1.0～1.5 米时，可以种植睡莲、荷花等沉水植物。

堤岸是绝大多数人工湿地结构中的一个基本组成部分，而湿地的底层设计非常重要，既要保证湿地植物的正常生长，又要做好防渗，减少水体的下渗损失量。一般湿地底层由下至上的做法是素土夯实、防渗层、土工布、砾石基质材料、植物种植土、湿地植物。防渗层通常采用的材料有：聚氯乙烯（PVC）、聚乙烯（PE）、聚丙烯（PPE）、压紧的黏土和带有斑纹的黏土（斑脱土）等。

6. 生态塘

雨水生态塘是指能调蓄雨水并具有生态净化功能的天然或人工水塘。雨水生态塘按常态情况下有无水可分为三类：干塘、延时滞留塘和湿塘。干塘

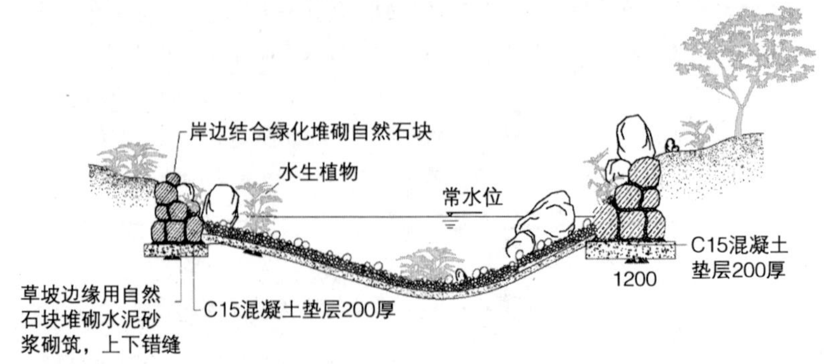

图 3－55 小区雨水湿塘设计示例

图3-56　雨水生态塘

通常在无暴雨时是干的，用来临时调蓄雨水径流，以对洪峰流量进行控制，并兼有水处理功能；延时滞留塘时干时湿，提供雨水暂时调蓄功能，雨后在一定的时间内缓慢地排泄储存的雨水；湿塘是一种标准的永久性水池，塘内常有水。湿塘可以单独用于水质控制，也可以和延时塘联合使用。

设计雨水生态塘的主要目的是处理水质，削减洪峰，调蓄雨水，并减轻对下游的侵蚀。在住宅小区或公园，雨水生态塘通常设计为湿塘，兼有储存、净化与回用雨水的目的，并按照设计标准排放暴雨。设计良好的湿塘也是一种很好的水景观，适合大量动植物繁殖生长，以改善城市和小区环境。

雨水生态塘作为净化措施，其主要去除机理是沉淀去除和生物作用。能去除的污染物包括悬浮颗粒、氮、磷和一些金属离子。去除能力从低到高依次为：干塘、延时滞留塘与湿塘。提高去除率的最好方法是延时滞留塘和湿塘联合运行。

由于普通干塘不美观，去除效率低，需经常维护，所以应优先选择延时滞留塘和湿塘。干塘主要用于有天然低洼地、土地资源紧缺的城市或住宅区，应该尽可能与其他场地统一规划设计，如低洼的运动场等，设计成多功能调蓄塘。

塘一般分为前置塘和后塘。在有条件时，湿塘前最好设计一个前置塘，用来沉淀大粒径颗粒。前置塘的容积至少应容纳总流量的10%。当需要延时滞留时，可适当调整容积，增加至50%，以利于沉淀。前置塘的推荐深度是1米或稍大，以减小流速。如果前置塘沉积物达到容积的10%，需及时清理。

塘应设置溢流措施以便使超过设计流量的雨水溢流，保证塘的安全和周边不被洪水淹没，溢流一般采用堰或闸。

雨水塘深度一般介于1~2米左右。较深的塘应考虑周边儿童靠近的安全问题。如果流量、场地边界等限制了塘的面积和长宽，可以考虑使用湿地，或设计延时滞留容积，来达到减小水深的要求。一般要在塘的侧坡上设高度为300~500毫米的阶地以保证安全。阶地的水深也应设为300~500毫米。这些阶地有利于植物的生长和水质净化，也比较安全。为安全起见，除了阶地，塘的边坡一般不能超过4:1（水平:垂直）。

在塘的周围，一般不设篱笆，可以利用密集的植物、坡的自然特性与湿地缓冲带达到篱笆的保护作用。塘的设计还应考虑美观因素，如果设计合理，雨水塘可以成为城市或小区中的一个景点，否则会使得环境更糟。雨水塘边缘形状和轮廓会影响塘的外观，缓坡堤岸可以为大范围的植物生长提供机会，而且会使雨水塘与周边环境更亲近。通常，雨水塘应该尽量设计得自然、美观大方，可以种植一些别致的树木，区域内还可设计一些雕塑，使整个塘系统看起来是大自然的一个艺术杰作。

7. 生物岛

生物岛是指在水中修建的供动植物生息并具有一定的净化和生态功能的场所或设施。生物岛作为雨水的净化利用设施，属于一种终端处理措施，特别适用于一些缺乏自净能力、硬化设计的人工水体或雨水塘。

图3－57 生物岛示意

生物岛的主要功能主要有四个方面：净化水质；为生物（鸟类、鱼类等）提供一个生息空间；改善周围环境，有很好的景观效果；利用消波作用，保护堤岸。

湖沼沿岸植物带的水质净化作用主要包括：植物根茎等表面对生物特别是藻类的吸附作用；植物对营养物的吸收；水生昆虫的摄饵、羽化等；鱼类的摄饵、捕食；防止已沉淀的悬浮性物质再次上浮；日光的遮蔽效果；湖泥表面的除氮。而人工生物浮岛与湖沼沿岸植物带相比，具有附着生物多、水中直接吸收氮、磷等特点，在对植物性浮游生物的抑制、提高水的透视度等方面效果比较显著。

人工生物岛可分为干式和湿式两种。水和植物接触的为湿式，不接触的为干式。干式生物岛因植物和土壤与水不直接接触，可以栽培大型的木本、园艺植物，并且可以通过不同木本的组合，构成良好的鸟类生息场所，同时也可美化环境，但这种浮岛对水质没有净化作用。湿式生物岛则相反，植物和土壤与水有较多的接触，在具备干式生物岛功能的同时还具有较好的水质净化作用。根据在水中的位置，湿式生物岛还可以分为水中生物岛和岸边生物岛、固定生物岛和移动生物岛。

水中生物岛完全建造或漂浮在水中，植物根系部分浸没在水里。这种生物岛规模一般较小，有利于水生动物和鸟类栖息。它还可以设计成移动式，根据水质情况移动浮岛，冬季还可将植物移至室内管理，运行比较灵活。

一般大型的生物岛可以在水中用泥土堆积建造，也有的用混凝土或发泡聚苯乙烯制作而成。湿式浮岛又分有框架和无框架两种形式。有框架的湿式浮岛的框架一般可以用纤维强化塑料、竹子、木板、不锈钢加发泡聚苯乙烯、特殊发泡聚苯乙烯加特殊合成树脂、盐化乙烯合成树脂、混凝土等材料制作。无框架浮岛可用浮筒围挡，也有用椰子纤维编织而成的，对景观来说较为柔和，又不怕相互间的撞击，耐久性也较好；还有用合成纤维作植物的基盘，然后用合成树脂包起来的做法。

人工浮岛的水下固定形式要视地基状况而定，常用的有重量式、锚固式、杭式等。另外，为了缓解因水位变动引起的浮岛间的相互碰撞，经常在浮岛本体和水下固定端之间设置一个小型的浮子。这种方式的生物岛多选用浮叶植物，如睡莲、浮莲、凤眼莲等，也可在岛上放置一些盆栽岸边植物，如美人蕉、千屈菜、夹竹桃等，也可借鉴无土栽培技术种植水竹等其他植物。

岸边生物岛可以在硬化堤岸设置一定范围的围挡，在围挡内种植水生植物。该方式可以结合湖滨截污净化带，净化能力较强，环境景观效果好。同时还可以保护堤岸，营造一个安静的浅水生态环境，有利于水生生物的生长、栖息，减少水流对河湖底泥的搅动。

岸边生物岛有多种做法。对已建成的硬化堤岸水体，可以做成堤岸支架式或围堰填充式等。围堰式生物岛根据水深和堤岸形式，采用仿石木桩围堰、块石围堆等，内填沙土种植水生植物。需要注意的是，围堰和盆种都应尽可能采用多孔材料，使种植土壤层和植物根系与水之间有更大的接触面积和质量交换机会，提高净化效果。该方式生物岛多选用岸边水生植物或挺水植物，如水蓼、菖蒲、芦苇、水葱、水芹等。

3.6　雨水渗透技术

3.6.1　低势绿地

低势绿地看似工程简单，实际上蕴含了巧妙的科学道理。绿地是一种天然的渗透设施。它具有透水性好、投资少、便于雨水引入等优点，同时也对雨水中的一些污染物具有一定的截留和净化作用。2006 年颁布的《绿色建筑评价标准》中规定住区的绿地率不低于 30%，这些天然的渗透措施就成为了低势绿地的良好基础。可以将绿地进行简单改造，使绿地低于路面，设计为低势绿地，以增加雨水渗透量。

当然，低势绿地也有一定的缺点，那就是其渗透量受土壤性质的限制，

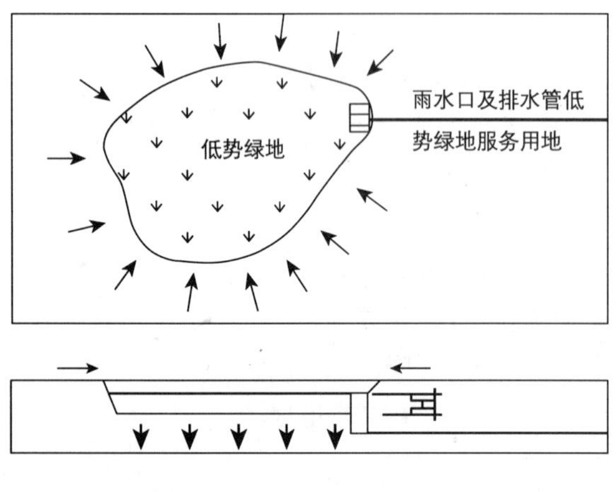

图 3－58 低势绿地渗透

而且如果雨水中如含有较多的杂质和悬浮物，会影响绿地的质量和渗透性能。

低势绿地结构建造的关键是控制调整好绿地与周边道路和雨水溢流口的高程关系，即路面高程高于绿地高程，雨水溢流口设在绿地中或绿地和道路交界处，雨水口高程高于绿地高程而低于路面高程。如果道路坡度适合时，可以直接利用路面作为溢流坎，从而使非绿地铺装表面产生的径流雨水汇入低势绿地入渗，待绿地蓄满水后再通过溢流口或道路溢流。一般来说，绿地与道路的高差为 50 ~200 毫米左右。

图 3－59 道路旁边的低势绿地

由于景观设计的要求，小区内可能会有一些微地形坡式绿地。出于雨水利用、渗透和减少土壤冲蚀的考虑，可以在坡地四周设一些低势绿地与景观相结合。

3.6.2 人造透水性地面

人造透水性地面是指各种人工材料铺设的透水地面，如多孔的嵌草砖(俗称草皮砖)、碎石地面、透水性混凝土路面等，该措施主要适用于人行道、停车场、广场以及交通较少的道路。

人造透水性地面的优点是能利用表层土壤对雨水的净化能力，对预处理要求相对较低，技术简单，便于管理；缺点是渗透能力受土质限制，需要较

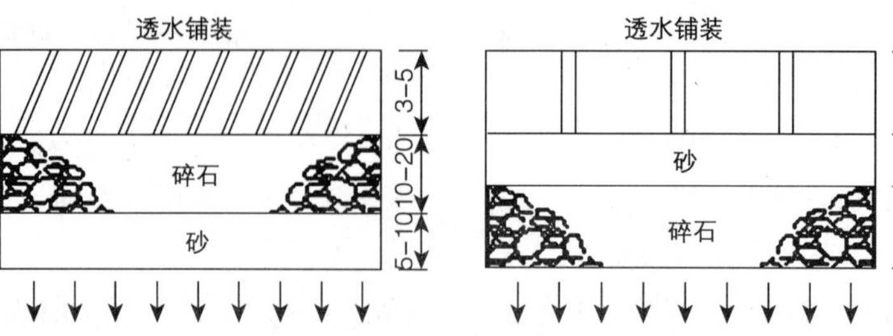

图 3－60 透水地面做法示例

大的透水面积，对雨水径流量的调蓄能力低。

人造透水地面的构成由上至下是地表铺装材料和基质层构造两部分。地表铺装材料常用的有嵌草砖、多孔沥青或水泥、碎石、透水混凝土等；基质层可保证地面径流雨水迅速渗入到土壤层，包括小粒径碎石过滤层和大粒径的蓄水层。

由于径流雨水中存在一定量的悬浮颗粒和杂质，会造成多孔沥青透水路面的堵塞。如堵塞严重，可用吸尘机抽吸（一般每年三次）或高压水冲洗。当然，如果采取有效的初期弃流措施，可以延长多孔沥青透水路面的使用寿命。

多孔混凝土地面构造与多孔沥青地面类似，只是将表层改换为无砂混凝土，其厚度约为 12.5 厘米，孔隙率 15% ~25%。

透水砖

草坪砖

透水沥青道路

透水混凝土

图 3－61　不同形式的透水铺装

草坪砖是带有各种形状空隙的混凝土块，开孔率可达 20% ~30%。草皮砖地面因有草类植物生长，与多孔沥青及混凝土地面相比，能更有效地净化雨水径流。它除

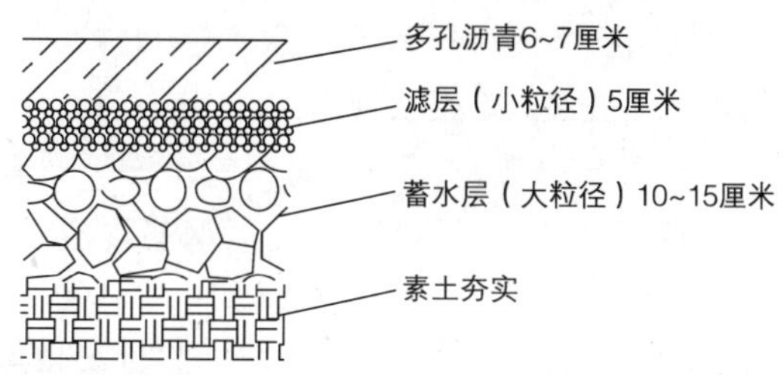

图 3－62　多孔沥青透水地面示意图

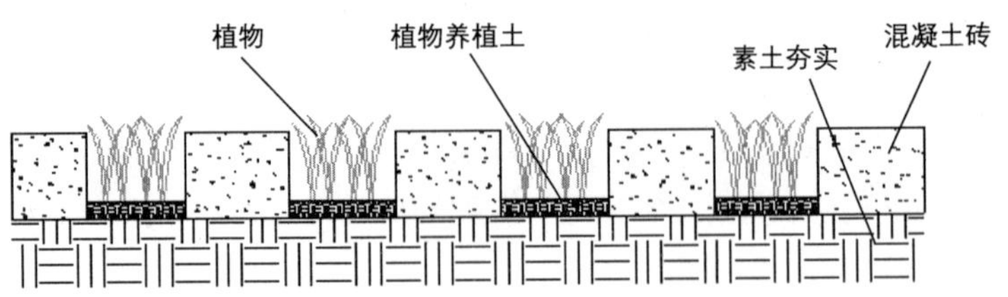

图 3-63 嵌草砖示意图

了有渗透雨水的作用，还有美化环境的效果，植物的叶、茎、根系能延缓径流速度，延长径流时间。

草坪砖基本上不存在堵塞问题，但混凝土块若经过多、过重车辆碾压，易发生不均匀沉降或错位，因此嵌草砖不宜设置于交通繁忙地段。

在条件允许的情况下，城区的停车场、步行道、广场等地面应尽可能多采用透水性地面砖。这种砖材目前我国建材市场上有成品出售，便于采用及推广。当然，也可以就地取材，采用砂、碎石、碎木屑等铺设步行道、停车位、活动场所等，同样具有很好的效果。

3.6.3 渗透管（渠）

渗透管（渠）是在传统雨水排放的基础上，将雨水管或明渠改为渗透管（穿孔管）或渗透渠，周围回填砾石，雨水通过埋设于地下的多孔管材向四周土壤层渗透。

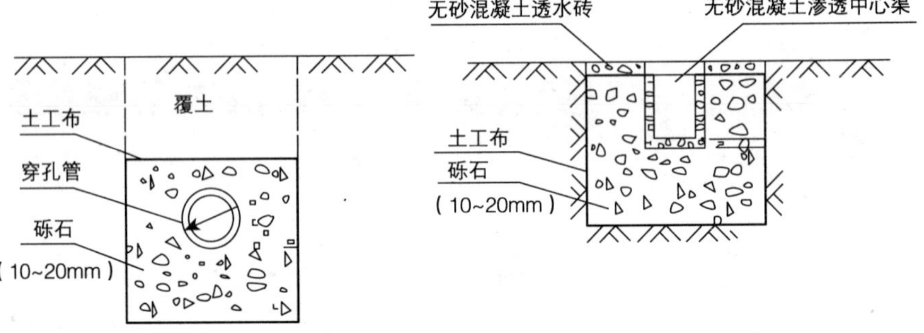

图 3-64 渗透管与渗透渠示意图

渗透管的主要优点是占地面积少、便于在城区及生活小区设置，可以与雨水管系、渗透池、渗透井等综合使用，也可以单独使用；缺点是一旦发生堵塞或渗透能力下降，很难清洗恢复，而且由于不能利用表层土壤的净化功能，因此对雨水水质有要求，应采取适当预处理，不含悬浮固体。在用地紧张，表层土渗透性很差而下层有透水性良好的土层，改造利用旧排水管系，雨水水质较好，地带狭窄等条件下较适用。

渗透管由穿孔管和管周围的填充砾石或其他多孔材料组成。穿孔管一般采用 PVC 管、无砂混凝土、钢筋混凝土管制成，管材的开孔率不少于 2%。管四周填充砾石或其他多孔材料；砾石外包土工布，以保证渗透顺利，同时可防止土粒进入砾石孔隙发生堵塞；土工布搭接宽度不少于 150 毫米。

图 3－65　渗透管与渗透渠

为弥补地下渗透管不便管理的缺点，可以采用地面敞开式渗沟或带有盖板的渗透暗渠，这同时也减少了挖深和土方量。渗沟可采用多孔材料制作或做成自然的带植物浅沟，底部铺设透水性较好的碎石层，特别适于沿道路或建筑物四周设置。

3.6.4　砾石沟

砾石沟是表层铺设砾石的地表排水渠，是植被浅沟的变形，可被认为是为减少水土流失以及满足景观需要而在植被浅沟中铺上砾石。

图 3－66　砾石沟

砾石沟主要适用于地面坡度大导致雨水流速较大、建筑物附近以及道路两旁的小流量雨水收集。砾石沟的过水断面较小，汇流量大时应用受到限制；水渠为硬质底板且没有种植植物时，雨水截污能力很小。因此砾石沟底部不应采用硬质底板，并适宜种植植物。

3.6.5 渗透井

渗透井包括深井和浅井两类，前者适用水量大而集中、水质好的情况。后者更为常用，其形式类似于普通的检查井，但井壁和底部均做成透水的，在井底和四周铺设碎石，雨水通过井壁、井底向四周渗透。一般来讲，深井的渗透量大，而浅井的渗透量小。

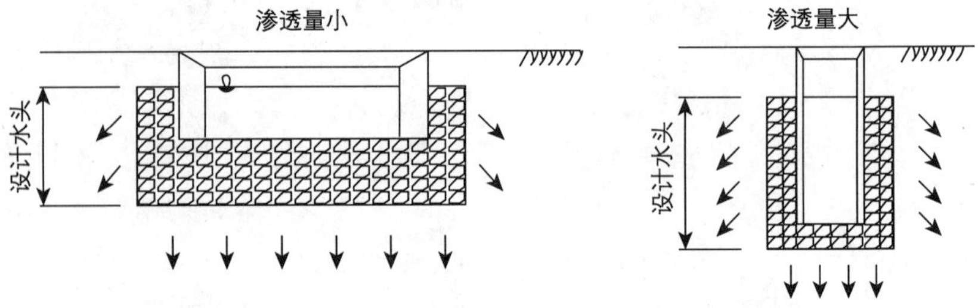

图 3-67 渗透井示意图

渗透井的主要优点是占地面积和所需地下空间小、便于集中控制管理，缺点是净化能力低、水质要求高、不能含过多的悬浮固体、需要预处理。

设计时可以选择将雨水口及雨水管线上的检查井、结合井等改作成渗井，渗井下部依次铺设砾石层和砂层。

渗井的直径一般根据渗透水量和地面的允许占用空间来确定。同时应该注意与地下土层和地下水位的关系，既要保证渗透效果，又不会污染地下水。

渗井的池壁可以使用砖砌、钢筋混凝土浇筑或预制。当然，渗井同样存在渗透堵塞的问题，所以应考虑截污、弃流等预处理措施。

◆ 渗透池（塘）

渗透池（塘）是利用地面水塘或地下水池对雨水实施渗透的设施。渗透塘即前面所讲的生态塘，这里主要介绍一下渗透池。

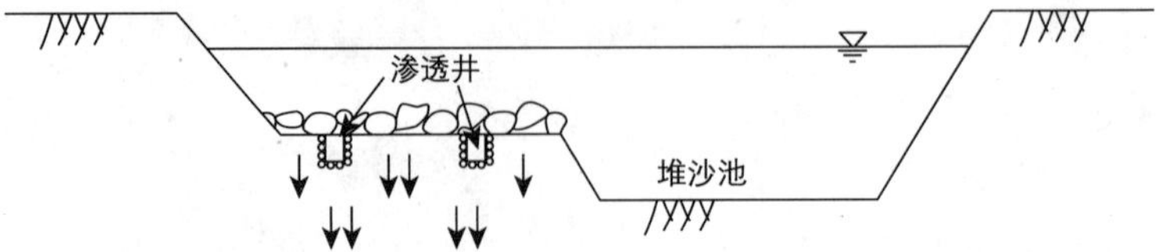

图 3-68 地表式渗透池

当地面土地紧缺时，可以考虑采用地下渗透池。地下渗透池种类多样，形状各异，实际上它是一种地下储水装置，利用混凝土砌块、穿孔管、碎石空隙、渗透渠等储存雨水。

渗透池大小视水量和地形条件而定，也可以几个小池联合使用。当然，利用天然低洼地作渗透池是一种最经济的方法，只需对池的底部做一些简单处理，如铺设砂石等透水性材料，其渗透性能会大大提高。

3.7 雨水利用系统的维护与管理

为了有效地利用雨水，保持集雨面的清洁，雨水利用装置的维护与管理至关重要。必须定期清除集雨面、屋顶上的垃圾和动物粪便。落叶较多的季节，必须经常清理落叶以避免堵塞雨落管。

要经常清扫道路、屋面等集雨面以便减少雨水排水系统中污染物，防止污染物在雨水排水体系下游的淤积。

1. 网罩、筛网、滤网的清理

要定期检查网罩、筛网，避免脏物和树叶进入，否则杂物堆积，清理起来会很麻烦。对于粘附于滤网上的污染物要及时清理。

2. 截污挂篮的维护与管理

截污挂篮上部有必要的设溢流口，可防止因土工布堵塞、透水性能下降导致积水。及时清洗或更换截污挂篮以便保持好的效果。在地面环境条件较好的住宅小区、公园等地，一般一个雨季进行2 ~3 次简单清理，雨季结束后再对其进行彻底清理，清洗后土工布可重复使用；经常保持集雨面的清洁，地面污染严重的城市道路等区域，一般需要多次清理或更换。

3. 沉淀池、雨水罐/池的清理

在非雨季，要彻底清除沉淀池、雨水罐/池底部的沉淀物；对于地面放置的雨水罐，要把罐底沉积物从排空管中排掉。根据罐内沉积泥沙的多少，1 ~5 年清除一次，必要时可进行内部清理。

4. 过滤器的维护

滤留在滤网上的泥沙颗粒和杂物应经常清除。当过滤效果降低和不能清除泥沙时要补充或更换滤料。过滤器内部每1 ~3 年清洗一次。

5. 水泵及动力设备的维护与管理

为确保水泵及机械动力设备正常运行，每三个月要检查1 次。其他设备约半年检查一次，就像对城市自来水设备一样进行维修养护和管理。

6. 雨水渗透装置的维护与管理

定期对渗透装置进行维护，把表面沉积物或淤泥定期从装置中去除，可以提高装置的效率与寿命。

7. 植被的维护与管理

定期使用合适的机械对现有的植被进行修剪，如灌木类植物就需要定期修剪。另外，修剪下的植被也需要

图3－69 保持集雨面的清洁

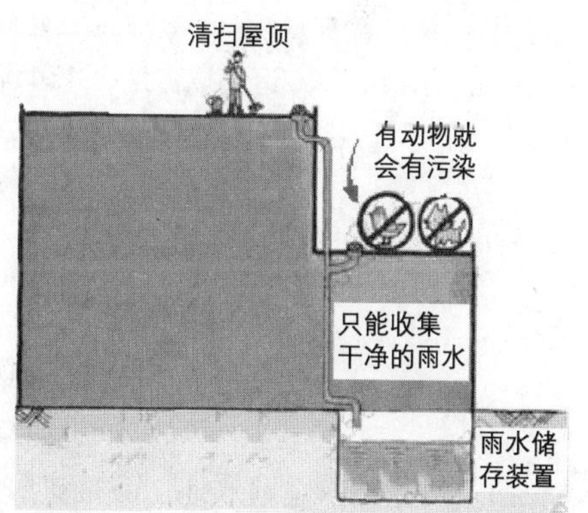

进行收集与处理。同时要去除植物中的杂草，也要注意防止植物过量生长，注意植物的定期收割。

必须不定期地进行维护管理，最好制定年度计划，分工到人，明确维护管理工作的要点。如对于简单的屋面雨水收集系统可制定以下的维护管理计划。

维护管理计划表 **表 3－4**

位置	检查、维护	检查次数	时间间隔	记录	
屋顶	清除落叶、鸟粪	每年 1 次	1～5 年	年/月/日	年/月/日
屋檐/雨漏	清除落叶、鸟粪/有无漏水	每年 2 次	1～5 年		
过滤器	清除落叶、垃圾	每年 1 次	1～3 年		
沉沙池	清除沉淀物	每年 2 次	1～3 年		
雨水罐/池	清除沉淀物/淤泥	每年 2 次	1～5 年		
水泵	有无工作异常	每年 2 次	1～5 年		

3.8 城市雨水利用实例介绍

3.8.1 校园雨水利用实例

北京市某中学的校区雨水收集利用系统

◆ 工程概况

校区设计人数：1500 人

面积：总占地面积 24640 平方米；其中建筑占地 8934 平方米，道路、广场、运动场占地 10154 平方米，绿地面积 5552 平方米，景观水体水面积 500 平方米

调节储存池容积：地下，280 立方米

生态净化池容积：表面积为 130 平方米，深度为 1.7 米

清水池容积：地下，160 立方米

雨水用途：冲厕、绿化及水景用水

◆ 雨水利用概况介绍

该校区的雨水利用系统主要包括截污装置、调节储存池、生态净化池及清水池，而且该校区内还有一处景观水体。为节省空间，调节储存池及清水池设在景观水体下面，生态净化池由校园的一块绿地改造而成。

屋面及路面雨水先通过地形坡度进入建筑附近的低势绿地（高程低于路面的绿地）或植被浅沟，进行截污、下渗。超过其下渗量的雨水进入暗渠输送到调节储存池，当然，在雨水进入暗渠前先进行了初期弃流以及格栅截污。调节池的雨水用泵提升到生态净化池，进行植物净化及过滤处理。生态净化池的滤层是由回填土、砂石、炉渣等材料组成，且池中种有植物。净化后的雨水进入清水池进行沉淀消毒，经过消毒的雨水可用于冲厕、绿化及景观用水。

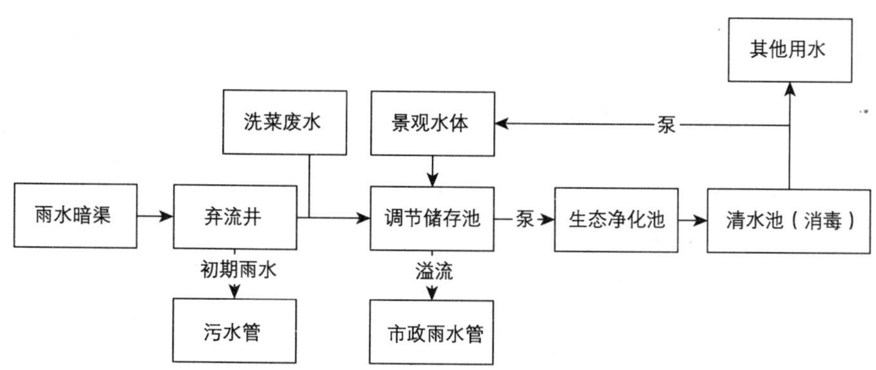

图3-70 雨水利用流程图

景观水体为该小区的一景，随着水深的变化种有不同的植物，而且水较深处还设置了漂浮式的盛放植物的装置，通过植物吸收作用进一步净化水质。景观水体不仅为学生提供了一个亲水环境，而且会让他们有一种贴近自然的感觉，缓解学习的疲劳。

该校区的雨水利用系统包括了雨水的源头截污、净化处理、消毒储存及最终利用，让学生们对于雨水利用的各个过程从感官上有所认识，提高了他们对雨水利用的意识。

3.8.2 公园雨水利用实例

无水景的公园

北京市某公园的雨水利用工程

◆ 工程概况

位置：北京市海淀区

占地面积：总占地面积36.17公顷，广场1.85公顷，道路1.36公顷，绿地32.96公顷

雨水用途：回灌地下

◆ 雨水利用概况

该公园将主要收集广场、绿地和干道上的雨水，雨水经处理后进入回灌井，补充地下水。该公园可以将几乎80%的雨水通过管道和过滤设施，收集到一个约500立方米的地下水库。在公园里有许多写着不同字体“水”字的小石头，这些石头旁边其实就设置着雨水收集回灌井。

图3-71 公园里写有“水”字的石头

降落到广场上的雨水通过分布在广场上的雨水口进入雨水收集管网汇集到综合池，去掉初期径流后首先进入沉淀池沉淀，然后经过土壤过滤处理，最后通过3眼回灌井回补地下水。

该公园的绿地高低起伏并有道路纵横交错，雨水降落到绿地后即汇集到低洼处和道路两旁的排水沟，通过分布在绿地低洼处的12眼回灌井和干道旁的2500米渗水管沟，使雨水快速渗入土壤，既防止绿地受淹又增加土壤水分，有利于植物生长。

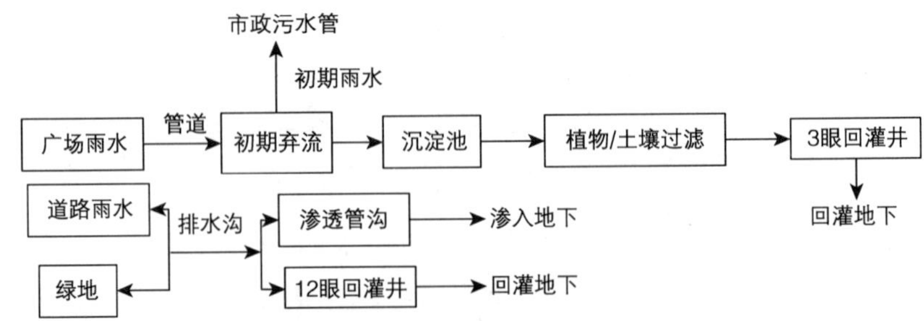

图 3－72 雨水利用流程图

该公园的雨水收集工程投入使用来，运转良好，即使是在干旱的时候，储存的雨水也能让公园植物吃饱喝足。

该公园的雨水利用工程不仅做到防洪减灾与有效利用雨水资源相结合，而且做到了雨水利用与园区景观相结合，是公园、绿地、广场雨洪利用的样板，同时也是城市开展雨洪利用教育的室外课堂。

有水景的公园

北京市某公园的雨水利用工程

◆ 工程概况

位置：北京市朝阳区

占地面积：总占地面积 4.5×10^4 平方米，其中山体占33%，道路及铺装地面占地32%，绿地占地35%

调节储存池容积：250 立方米

土壤滤池容积：表面积100平方米，深度1.8米

清水池容积：120 立方米

雨水用途：喷洒道路、绿化及景观用水

◆ 雨水利用概况

该公园雨水利用的目标是利用公园的雨水进行储存、净化，然后用于水景湖、绿化等。其雨水利用系统主要包括截污装置、调节储存池、土壤滤池、清水池、景观湖。

公园的路面及山体径流尽量先经过绿地进行截污、净化后再和绿地雨水一起进入弃流井进行初期弃流，初期雨水进入污水井，后期雨水通过管道输送至调节储存池，调节池设于公园中部。用泵将调节池中的雨水提升至土壤滤池进行土壤净化，土壤滤池为公园部分草地改造而成，其滤层主要由人工填土、卵石、炉渣等组成，并且上面种植物，具有很强的净化作用。净化后

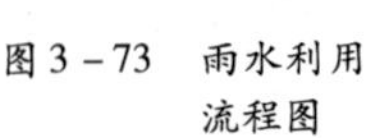
图 3－73 雨水利用流程图

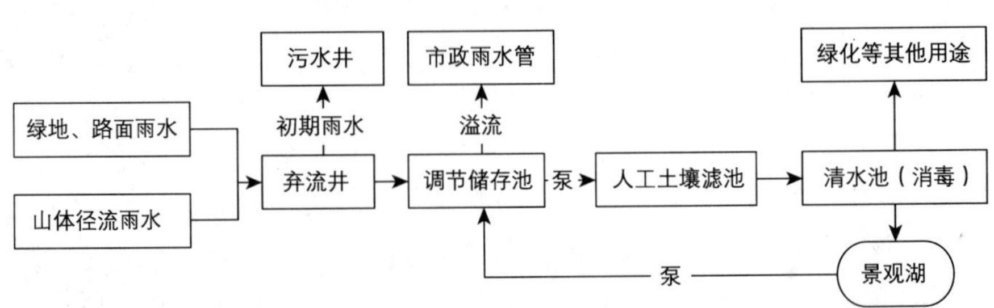

的雨水进入清水池消毒，清水池设在土壤滤池的下部。清水池内设泵，一部分雨水进入公园的喷泉水景，经水景循环后再进入调节储存池；一部分雨水进入景观湖，经循环后再汇入调节储存池。水景水循环过程为：雨水—调节储存池—土壤滤池—清水池—景观湖—调节储存池。

园区南向有一个 *DN*700 的污水管，为保证排洪需要，将它作为雨洪溢流接纳管。

该公园的雨水利用工程配合了北京市生态环境建设和可持续发展的总体思路，有效地保护和利用了宝贵的雨水资源，具有很好的社会影响力。

3.8.3　住区雨水利用实例

无景观水体的小区

北京市某住宅小区的雨水利用工程

◆ 工程概况

位置：海淀区双紫支渠南侧

占地面积：总占地面积 2.3 公顷，建筑总面积 56600 平方米，其中屋面面积 6000 平方米，道路面积 7000 平方米，绿地面积 9030 平方米。

实际雨洪利用面积：23000 平方米

沉淀池容积：354 立方米

雨水储存池容积：532 立方米

雨水用途：喷灌、洗车、冲厕、消防、景观用水等

◆ 雨水利用概况

该住宅区主要是对建筑屋面、绿地、道路的雨水进行收集与利用。小区内修建了一雨水蓄水池，储蓄的雨水用于喷灌、洗车、冲厕、消防、景观、清洁、供暖系统、喷泉景观用水等。

屋面雨水分为两部分：一部分直接通过管道收集、传输，经沉淀后，进入蓄水池备用；一部分排入周边绿地，通过下凹式绿地入渗地下，补充地下水。

图 3－74　雨水用于绿化

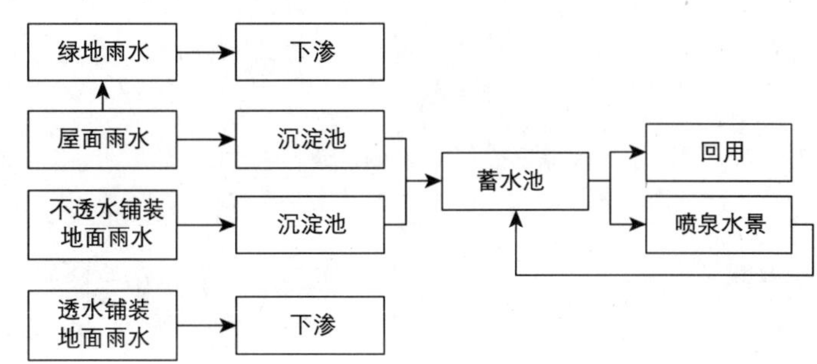

图 3－75　雨水利用流程图

地面铺装分为两种，一种是透水性铺装，另一种为不透水铺装。不透水性铺装地面雨水通过地面布设的雨水口，进入地下管道系统，经栅栏截污后，进入沉淀池沉淀处理，最后进入蓄水池备用；2001～2005 年，先后四次铺透水性铺装 6300 平方米。铺砌透水砖相当于自然的雨水渗透通道，雨水入渗地下，补充地下水，而且具有雨后不积水、雪后不打滑的优点。形成径流的部分雨水也通过管道进行收集、利用。

双紫锅炉房利用收集的雨水经过处理后代替自来水作为供暖循环水，经海淀区特种设备检测所检测，水质完全符合供暖循环水的要求，一个采暖期可节约自来水 400 余吨，为扩大雨水利用范围探索出一条新道路。

音乐喷泉系统由四个雨水喷泉池组成，池内的彩灯和喷泉随着音乐旋律喷涌变幻。其作用是为蓄水池曝气以保证水质，并增加小区文化景观。

有景观水体的小区

北京市某住宅小区的雨水利用一期工程

◆ 工程概况

一期工程包括多栋住宅及一处会所，总占地面积 29 公顷，其中，住宅用地 3.9 公顷，道路（含广场和绿化停车场）用地 6.0 公顷，绿化用地 15.30 公顷，人工湖占地 3.8 公顷；二期总面积 51.7 公顷，水体面积 4.5 公顷，绿地 13.7 公顷，高尔夫球场面积 66.7 公顷。

◆雨水利用概况

该小区建有人工湖，其建筑和道路环绕人工湖布局，向湖面方向有约 0.3%～1%的地面坡度，利于雨水的收集。雨水经截污净化处理后最终都汇集到人工湖中，然后再从人工湖中抽水用于小区绿地灌溉及高尔夫球场喷灌。因此，该小区的雨水利用是以人工湖为中心的。屋面雨水就近汇入建筑附近的低势绿地，然后通过植被浅沟输送至人工湖。为避免局部过量积水，低势绿地溢流口或自然坡面与植被浅沟连通。

路面和停车场雨水首先汇入附近低势绿地、带状绿化截污带或路边浅沟，然后再输送至人工湖。对污染量较大的集中停车场，在排水沟内设置特制初期雨水自动弃流装置，弃除的初期雨水通过小区污水管系进入再生水处理站。

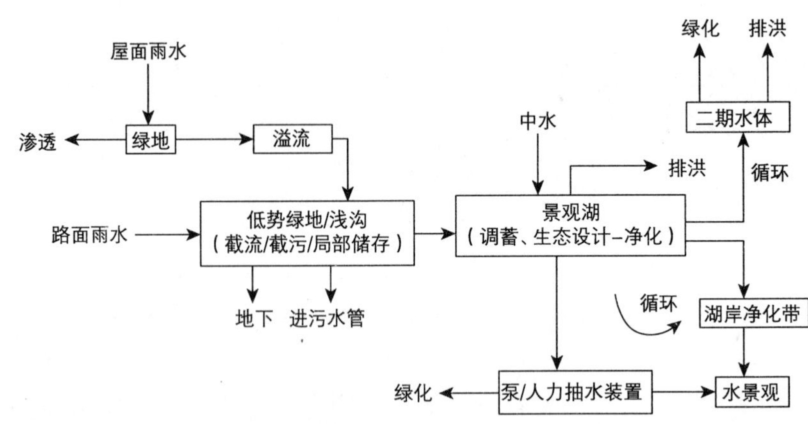

图 3-76　雨水利用流程图

在流量较集中的排水区域，设置了浅沟底部碎石调蓄空间和三处雨水调蓄池，并设置了水景观设施，改善了局部环境。

在实际的运行过程中，经过土壤渗滤和湿地系统净化的湖水水质明显改善，变得更清澈。经过雨季检验，浅沟集水输送系统自然美观、排水通畅，无积水现象。

小区汇集的雨水经源头截流截污后，通过绿地的自然排水浅沟就近汇入人工湖。入湖口的沟内设有简易格栅，去除落叶等大块杂物。在湖中设计多处人力提水装置和潜水泵增加湖水循环流动。利用湖边绿地设计了 6 处小的湖岸人工湿地生态净化区，既可进一步净化湖水，又改善湖岸景观。在湖中增设了植物浮岛和水边的水生植物区，改善湖体自身的生态功能，改善湖的整体景观效果。

在人工湖常水位与溢流水位之间有 0. 35 米的空间，可充分利用此空间调蓄雨水，同时还设计了小区一期工程的排洪渠以提高小区排洪能力。同时，为提高小区的排洪标准，在景观湖东侧设置溢洪口。排洪渠总长 500 米，与二期水体相接，由二期工程的总排洪口进入外界的排洪系统。实际运行过程中，雨季没有出现积水现象，即使是大暴雨（如 2005 年 7 月 11 日多年一遇的暴雨）也没有雨水外排，在有效利用雨水的同时也很好地达到了防洪要求。

该小区充分有效地利用了雨水资源，一期工程年均可利用雨水 8. 7 万立方米，大大减少了人工湖体的自来水补水量。而且该小区的雨水收集排放系统比传统的雨水排放系统节省了一百多万元投资，产生了显著的环境效益和社会效益，美化了周边环境。

3. 8. 4　办公区雨水利用实例

北京市政府办公区雨水利用工程

◆ 工程概况

位置：北京市天安门以东

占地面积：总面积约 43500 平方米，其中绿化面积约 19500 平方米，屋面和路面等占地约 24000 平方米。

汇水面积：南区约 26100 平方米，北区约 17400 平方米

雨水用途：绿地灌溉等

◆ 雨水利用概况

北京市政府的办公区及周边排水系统为雨污合流制，区内排水分为南、北两个区域。办公区外的城市道路容易发生水涝。经现场条件综合分析后，先考虑南区的雨水收集利用。

雨水的收集包括南区的屋面、绿地和路面，区内大部分雨水都汇入路面，经过简单的改造后，利用地面坡度自然地收集雨水。在西大门北侧大道上的雨水径流集中汇流处设截流沟和截污装置，将雨水引入绿地中的储存池，同时

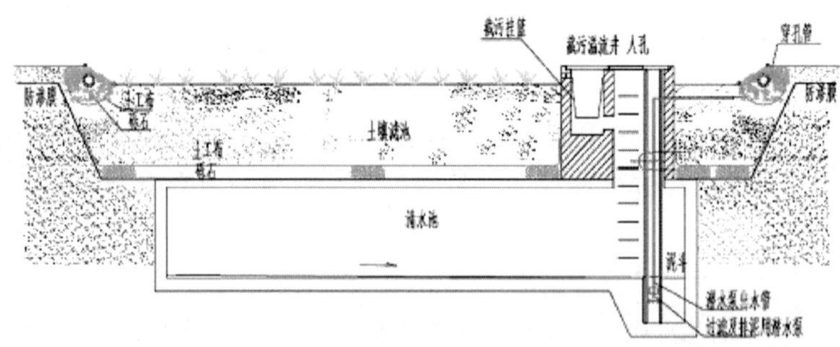

图 3－77 土壤滤池与清水池的合建示意图

也将初期污染的雨水排走，保证进入储存池的雨水有较好水质。同时还设置了活动式截污装置截留径流污染物。

经过了初期雨水的排除、截污控制后，收集的雨水再通过和区内的绿化相结合的植被/土壤生态过滤系统进一步净化，以便使其水质符合回用水标准。同时还有备用的消毒措施，以便达到细菌学指标。该净化技术投资少，设备简单，自然美观，运行管理方便，非常适合在办公区采用。

经过 2005 年雨季的检验，该系统运行效果良好。收集的雨水主要用于绿地灌溉，既节约了自来水，同时减少了外排雨水，缓解了道路水涝。

3.8.5 建筑雨水利用实例

英国某大型超市的雨水利用工程

◆ 工程概况

建筑面积：约 4400 平方米

集水面积：约 2200 平方米

蓄水池容积：14.56 立方米

年收集雨水量：687.2 立方米

雨水用途：厕所冲洗

◆ 雨水利用概况

该超市屋面外形如同一个金属甲板，并且分别安装了一层绝热层和一层膜。为了减少对自来水的需求，同时减轻排水系统的负担，提升公司的形象，公司决定安装一套雨水利用系统。

屋面雨水首先通过汇水口、输水管收集后进入聚酯玻璃强化的绝热蓄水池（蓄水池位于车间内）。其中每根输水管都安装了旋流过滤器，用来过滤大

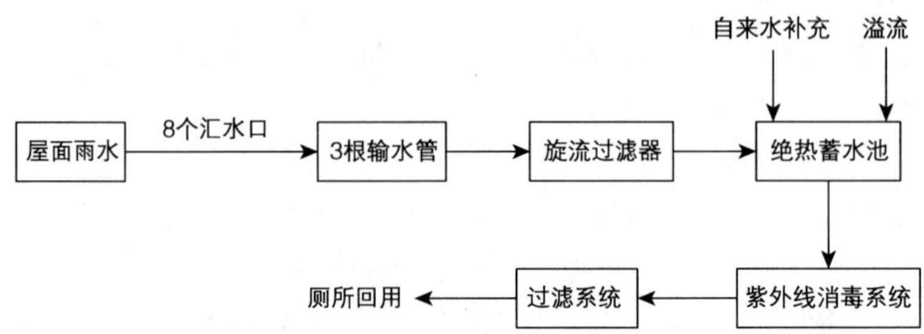

图 3－78 雨水利用流程图

颗粒以免进入蓄水池。当雨水集蓄量超过需求量时，多余的雨水从设在池顶下方的溢流管进入排水系统。当蓄水池水位过低时，用自来水来补充。雨水从蓄水池中抽出后经过紫外线消毒及过滤系统后，最终用泵送至超市中厕所。

为了防止腐蚀，该系统采用的是特殊的塑料管管道和设备。而且，平常十分注意清理过滤器及紫外线灯管的更换，以便保证运行效果。

该系统每年的雨水收集量为 687.2 立方米，大大减少了自来水的需求量。

东京穹顶体育馆雨水利用工程

◆ 工程概况

位置：东京都文京区后乐

建筑面积：116463 平方米

集水面积：16000 平方米

建筑物用途：室内球场

雨水储水池容积：1000 立方米

雨水用途：冲洗厕所

◆ 雨水利用概况介绍

东京穹顶体育馆利用巨大的膜屋面收集雨水，经储存、过滤后与中水一起用于厕所冲洗。膜屋面的雨水先汇入初期雨水调蓄池中，排掉一部分污浊水后，再进入雨水调蓄池。当雨水调蓄池内的水质符合中水使用要求，便送往中水处理设施的消泡水池。在消泡水池里，经过净化的中水和雨水混合，混合后的水再经过砂滤和次氯酸钠溶液消毒后便送入中水池中，最后用泵将水抽至厕所。当中水量不足时，向中水池补给自来水。

东京穹顶体育馆建设的雨水利用是与中水利用相结合的，符合提高都市治水安全性和合理利用水资源的社会要求。

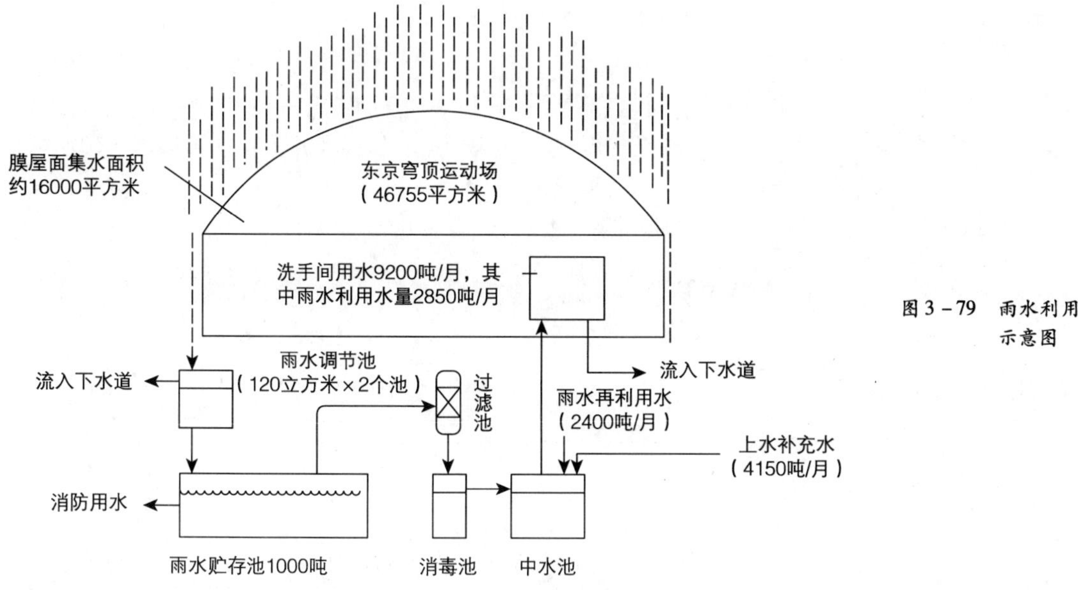

图 3-79　雨水利用示意图

第4章 再生水利用

再生水是指污水和废水经净化处理，水质改善至一定标准后，满足某种使用要求或可在一定范围内使用的非饮用水。再生水可以用作农林牧渔业用水、城市杂用水、工业用水、环境用水和补充水源水等。在我国，再生水已广泛回用于景观环境、园林绿化、厕所冲刷、道路清洁、车辆冲洗、建筑施工、工业生产等各个方面。

4.1 最早的再生水——中水

再生水是由中水演化而来的。"中水"这个词最初来源于日本，当时在建筑中的水有上水、下水之分，上水指用于生活（饮用、盥洗、冲厕等）的自来水，下水指污水，输送上水和下水的管道也就分别被称为上水道和下水道。为了节约水资源，日本将污水经处理至一定水质标准后，使用专门管道来代替自来水用以冲厕。因这种水的水质介于上水——自来水和下水——污水之间，故称之为中水，相应的管道也就被称为中水管道。

中水回用技术在国外早已被广泛应用。为弥补日益缺乏的水资源，各国政府均制定了各种奖励政策，并通过减免税金、提供融资和补助金等手段大力推广再生水的使用。美国、日本、以色列等国厕所冲洗、园林和农田灌溉、道路保洁、洗车、城市喷泉、冷却设备补充用水等都大量地使用中水，并在利用中水方面积累了不少成功的经验。在新加坡，中水已经成为重要的给水水源，市场上甚至有由中水制成的瓶装水出售。我国对城市污水处理与利用的研究也早就开始了，20世纪80年代初，济南、青岛、大连、北京、太原、天津、西安等缺水城市相继开展了污水回用于工业和民用的试验研究。目前我国再生水利用已经形成一定规模，除了在工业和农业中使用再生水外，居民冲厕、灌溉、景观用水、洗车等也大量使用再生水。北京、天津、青岛等缺水地区和城市都已把中水回用列入城市总体规划之中，并都取得了一定的成果。

随着社会的发展、对污水资源化的重要性认识的提高以及污水回用的广泛实施，中水这个名词不仅得到广泛应用，定义范围也在不断扩展。中水不再仅仅是指经处理后用于建筑物内冲厕的回用水，凡是经处理再回用的水均可称为中水。从本质上看，中水和再生水并无差别，可以互相沿用。近年来为了统一用词，也为了更严谨、准确地定义事物，在新制定的规范、学术刊物和书籍中，“中水”这个名词正逐渐被“再生水”所替代，但目前人们还习惯称回用水为中水，并且还形成了“小中水”、“大中水”等俗称。大中水即城市再生水（也有称是市政再生水的），是城市污水处理厂出水经深度处理后再通过再生水管网输送至用户的非饮用水（图 4 –1）。此种再生水具有出水水质、水量稳定等特点，常用于城市大面积公共绿地及公园的灌溉，还常用作一些用水量大、水质要求不很严格的工业用水，如发电厂、冶金系统、纺织系统等的冷却用水等，如目前北京市热电厂的冷却水补水就大多使用再生水，图 4 –2 即为北京高碑店污水处理厂生产的再生水供邻近热电厂作冷却水的实景。位于城市再生水管网供水范围内的工厂、商户、居民均可就近使用城市再生水这一安全、稳定的水源。但由于再生水输配管线的限制，远离污水厂的地区则很难享用到这样的城市再生水资源。

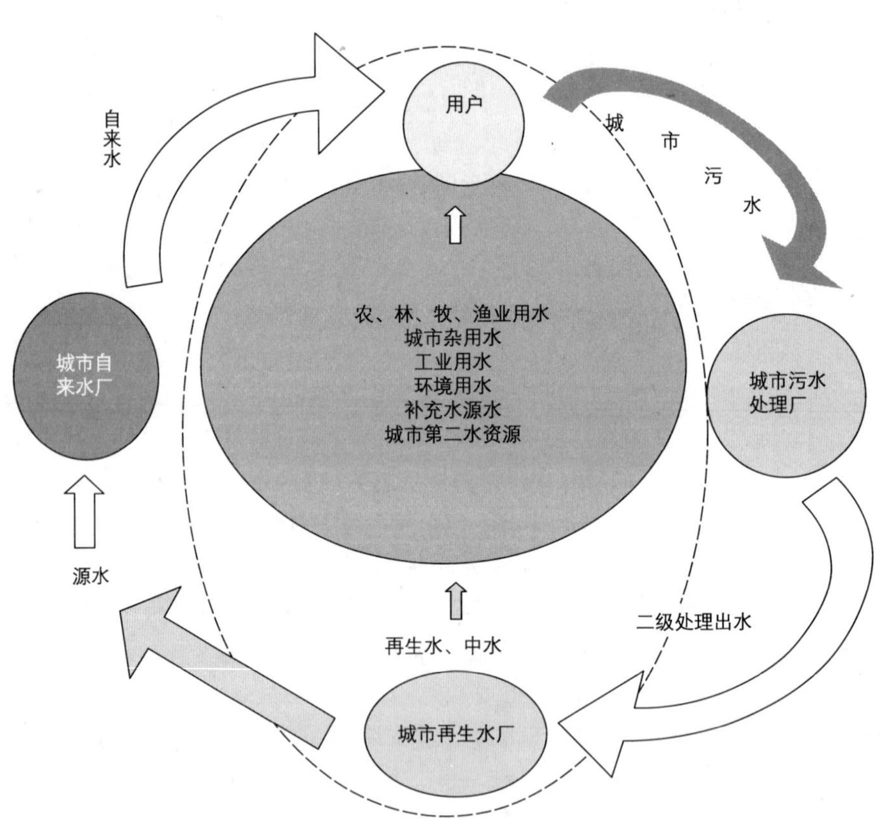

图 4 – 1　城市再生水循环

根据国家城市污水处理发展规划，到 2010 年，所有城市的污水处理率应不低于 60%。一方面，大量的城市污水处理厂出水可作为再生水的水源；另一方面，一大批新建城市污水处理厂的功能目标将由单一的达标排放转变为包含再生利用、生态需求在内的综合目标，从而为城市污水再生利用奠定工程和水源基础。

小中水即建筑（小区）再生水，是用多个分散的小型污水处理厂（站）来替代集中的大污水处理厂，如城市中居住小区、办公楼、宾馆、影剧院、机场、码头、工矿企业等的生活污水自成系统，就地处理再生后用作非饮用水。

图 4－2　再生水供热电厂作冷却水

建筑（小区）再生水的原水多为优质杂排水，即洗浴和盥洗排水，如商业楼宇、宾馆、饭店、写字楼等的客房洗浴、盥洗和洗衣排水，还有大专院校由于学生人数较多，学生浴室和宿舍楼盥洗水房每日排水量较大且相对稳定，所以也常被作为建筑（小区）再生水原水。对于近年大批新建的居住小区，开发商基本上都综合考虑了污水再生利用系统和管网的总体投资以及市政配套情况，以生活污水为再生水水源的案例也逐渐开始增多。

对于一些距城市再生水厂较远的建筑、小区、度假村、疗养院、工厂等，因处于城市再生水管网服务范围之外，就不得不自设再生水处理设施，收集自身的优质杂排水、生活污水或工业废水，经适当处理后回用于冲厕、绿化、压尘、洗车等杂用或生产。

两种再生水，或者说两种处理方式的应用现在都十分广泛。再生水回用处理方法不再是过去的单一集中处理，而是集中与分散相结合。既有依靠大量管网建设的集中模式，又有就地收集、就地处理、就地回用的分散模式。究竟选用哪种形式还需因地制宜，如一些建筑、小区、工厂等离城市再生水管网有一定距离，是铺设管线从城市再生水管网取水还是自设再生水处理设施，需要经技术经济比较后再予以确定（一是要安全可靠、技术可行，二是要经济）。

4.2　使用再生水是城市发展的需要

1. 再生水作为替代水源

水是人类生产和生活不可缺少的自然资源，是生物赖以生存的环境资源，也是战略性经济资源。长期以来，人们按“开采－使用－排放”的方式使用水资源。当经济和社会不发达时，排入水体的总污染量较小，水体能稀释自净，人们因此产生了水用之不尽的错觉。但是随着人口的不断增加，工农业的迅速发展，人民生活水平的逐步提高，对水的需要量与日俱增，城市缺水问题日益突出。据统计，我国 669 个城市中，约有 400 个城市常年供水不足，其中有 110 个城市严重缺水，日缺水 1600 万立方米，年缺水 60 亿立方米。不仅如此，随着工农业的迅速发展和人口的不断增加，城市污水的排放量也相应增加，大量污水未经处理或只经初级处理就排入江河湖海，造成水体污染，这些水体逐渐失去了作为水源的可用价值。加上水资源的分布不均和周期性干旱，水资源紧缺和水环境污染已经成为世界性的危机。我国现在每年用水约5500亿吨，预计今后50年内会继续增加，最终达到8000亿吨，占我国可利用水资源量的28%以上。据经验，当一个国家用水超过其水资源可用量的20%时，就易发生水危机。水危机及其所衍生的水质和生态问题，不仅将束缚和制约我国经济发展战略目标的实现，而且将可能引发潜在的其他危机，进而影响社会稳定。为了供水，人们首先是无节制地开发地表水，抽取河水作为城镇和农业用水，流量不够就筑水坝、建水库，结果是上游有水，下游缺水。在地表水不足的情况下，无控制地抽吸地下水，水井深度与日俱增，造成地下水位普遍下降，城市地面沉降。

解决缺水问题的正确可行的思路是开源节流，就是在节约用水的同时开发新的水源。经过净化的城市污水可以作为一种再生的水资源，这一资源具有量大、集中、水质和水量都较稳定的特点，可以回用于工业、市政、农业、景观等诸多领域。实施污水资源化是开源节流、减轻水体污染、改善生态环境、解决城市缺水的有效途径之一。

此外，根据不同的用水水质要求，经过不同程度处理后的城市污水可以被灵活地使用到不同方面，满足多种品质的水资源需求。目前，我国再生水用于工业、农业、城市杂用、环境娱乐和补充水源水等。根据具体使用目的和水质要求的不同，水源、污水再生利用的设施和技术也随之不同。

工业对再生水的需求量大，对水质的要求也多种多样。再生水可用于量大面广的冷却水、洗涤冲洗用水及其他工艺低质用水，因此它最适合冶金、电力、石油化工、煤化工等工业部门的利用。农业用水需求量也很大，水质要求一般也不高，是污水再生利用产业的主要需求者之一，一般经二级处理的城市污水出水水质都能达到或超过农业灌溉用水标准。再生水用于城市杂用的具体用途有：绿化用水、冲洗车辆用水、浇洒道路用水、厕所冲洗水、建筑施工和消防用水。市政杂用的再生水与人体接触的可能性较大，因此需要进行严格的消毒。环境娱乐性用水主要为形成娱乐性或观赏性湖泊等。娱乐用水又可以分为主要接触和次要接触两大类。主要接触是指人体同水的接触是长时间的和直接的，并且有吸入的可能，比如游泳；次要接触是指诸如划船、钓鱼和进行观赏等活动，一般情况下并无入水的可能。根据用水与人体接触的方式不同，必须采用不同处理程度的再生水。污水再生后还可回灌地下，用于防止地面沉降、海水及苦咸水入侵及补充地下水储量。

2. 使用再生水的优越性

按照可持续发展战略，一个城市的发展必须立足于当地的自然资源条件，污水再生回用既可有效节约水资源，又可减轻水污染，是实施可持续发展战略的重要措施。即使从外地区调水得以实现，仍需将污水再生回用作为一项战略措施长期贯彻执行。

目前，国内水资源的重复利用率平均只有40%左右，城镇生活污水绝大部分都没有得到有效利用而被排入水体，造成了污水资源的严重浪费。通常情况下，城镇供水经过使用后，有80%左右的水量被转化为污水，若经过收集和处理，其中有70%左右可以循环使用。这意味着通过污水回用，可以在现有供水量不变的情况下，使城镇的可用水量增加50%以上。

与同样作为新型水源的远距离（或者外流域）调水、海（咸）水淡化和雨水资源收集利用相比，再生水在资源可靠性、技术进步潜力、生态环境影响、工程效率等方面都具有或多或少的优势。因此，从长远的战略角度看，再生水应该成为城市新型水源之一。

事实上，并非所有用途的水都需要使用优质水。以生活用水为例，其中用于烹饪、饮用的水只占总用水量约5%左右，为保证用户的身体健康，这种用水对于水质的要求是比较严格的，即要求为优质水。而对占总用水量20%~30%的不与人体直接接触的生活杂用水，与饮用水不同，并没有过高的水质要求，完全可以采用较低水质的水源来替代优质水。

从水处理技术上讲，污水通过不同的工艺技术处理，可以生产不同水质的再生水而被利用到不同领域。以北京高碑店再生水厂为例，其出水水质可以满足工业冷却、河道环境用水、市政杂用水水质标准。在美国加利福尼亚州和新加坡，再生水甚至可以达到饮用水水质标准。

城市污水水量大，就近可得，便于收集，不受季节和气候变化的影响，经处理后可以为城市提供大量稳定、可靠的再生水。市区污水处理厂建设进度加快，为城市污水再生回用创造了良好的条件，且污水处理厂一般都建在城市附近，便于再生水就近回用。

再生水处理成本比海水淡化便宜，技术也比较成熟，建设投资比远距离引水经济。例如目前北京市自来水的综合水价为5.04元/立方米（含污水处理费），专家预测，南水北调工程实施后，长江水流到北京，按现行不变成本计算，综合成本在7元/立方米以上。而北京市中水目前的政府定价仅为1.00元/立方米，远低于本地自来水综合水价和南水北调后水价。随着当地综合水价的逐步提高，污水回用的经济收益将更明显。

污水资源化是缓解缺水状况的最经济的途径。通过污水资源化，可以充分利用城市污水资源和削减水污染负荷，最终提高水的利用效率，达到节约用水、促进水循环利用的目的。

总起来说，在现有社会经济条件下，再生水可作为替代水源被应用于不同领域，既能满足用水需要，又可尽可能地保存现有的水资源；既实现经济发展的目标，又保护了自然资源，促进人与环境的和谐发展。污水资源化是有效的开源方式，也是提高水资源使用效率的有效途径，同时还能保护环境。再生水利用是解决水资源短缺问题最经济、有效的途径之一，也是城市发展的必然选择。

4.3　再生水的处理技术

再生水处理技术可粗分为两大类：物化处理和生化处理。物化处理工艺主要有混凝沉淀、混凝气浮、活性炭吸附、臭氧氧化、过滤及膜分离等；生化处理工艺主要有活性污泥法、生物接触氧化和膜生物反应器等。

4.3.1 物化处理工艺

用一组平行的金属或尼龙等非金属材料栅条制成的框架格栅，倾斜或垂直置于污水流经的渠道上，可以截阻大块悬浮或漂浮的污染物（塑料袋、树叶、菜渣等垃圾），保护水泵和后续工序不受损害（格栅必须有足够的刚度和强度）。

混凝就是水中胶体以及微小悬浮物的聚集过程。处理的对象是废水中利用自然沉淀难以去除的细小悬浮物及胶体微粒，此工艺可降低废水的浊度和色度，去除某些重金属和放射性及高分子物质。

图 4－3 上海松江水质净化厂的格栅设备

悬浮颗粒依靠重力的作用，从水中分离出来的过程叫做沉淀，这是最常用也是最节能的固液分离的净水方法。沉淀常与混凝连用，通常是先向污水中投加混凝剂，而形成较大的悬浮颗粒，给这些颗粒提供空间和时间，让它们在重力的作用下从水中分离出来。

在污水的深度处理中，过滤是最普遍的一种技术。滤料层由大小不同的滤料颗粒组成，其间有很多空隙，废水流经时，比空隙大的悬浮颗粒被截留在空隙中，于是空隙越来越少也越来越小，随后进入的较小的悬浮颗粒也能被截留下来，使废水得到净化。过滤也常与混凝连用，在过滤前加絮凝剂以形成絮体，废水流经滤料层时，絮体被吸附和截留，效果更好。

为了保证使用的安全，对处理水还必须进行消毒，使再生水细菌数量符合标准，目前，常用的消毒方法主要有氯消毒、紫外线消毒、臭氧消毒、氯胺消毒和二氧化氯消毒法，同时还有臭氧－氯消毒法、臭氧－氯胺消毒等方法。

所有的吸附剂中，活性炭的吸附能力是最强的，用活性炭吸附可脱除水中的微量污染物、重金属、溶解性有机物、放射性元素等，还可脱色、除臭，对于感官要求较高的再生水，活性炭吸附是一种常用的处理技术。

膜是具有选择性分离功能的材料。利用膜的选择习惯所进行的分离、纯化、浓缩的过程称作膜分离。膜分离技术与传统过滤的区别在于：膜可以在分子范围内进行分离，并且这一过程是一种物理过程，不发生相的变化也不用添加助剂。膜的孔径一般为微米级，依据孔径的不同（截留分子量的大小），可将膜分为微滤膜、超滤膜、纳滤膜和反渗透膜。

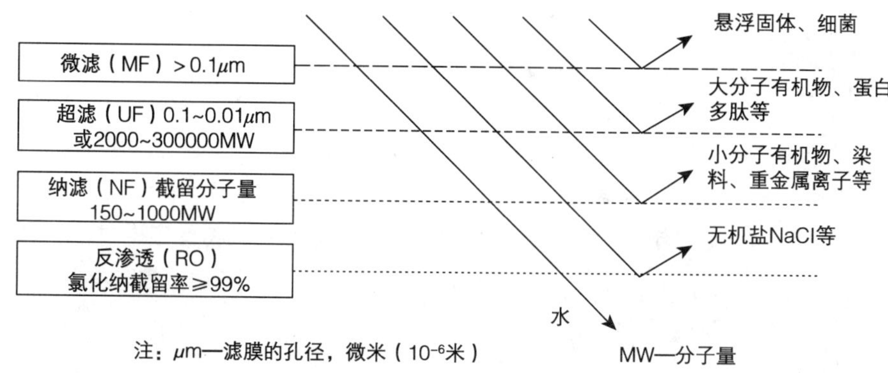

图4-4　膜分离的截留分子量

可以把膜看成是两相之间一个具有透过选择性的屏障，或看做两相之间的界面，如图4-5中，原料混合物中某一组分可以比其他组分更快地通过膜而传递到下游侧，从而实现分离。

天津泰达污水处理厂用双膜系统（微滤加反渗透）将污水处理后用于工业（图4-6）。新加坡的NEWater公司用双膜系统（超滤加反渗透）将生活污水处理后作补充水源。

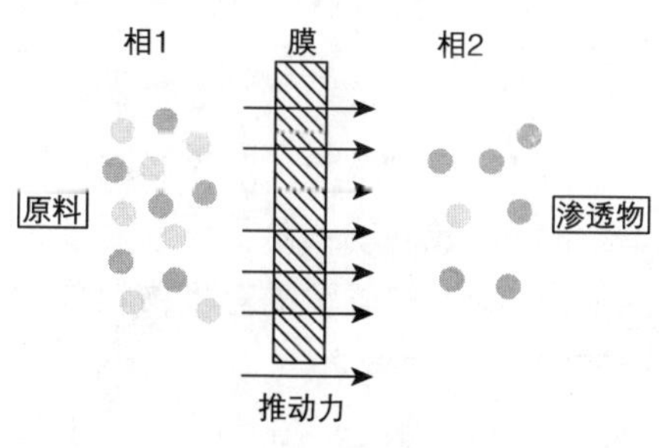

图4-5　膜分离过程示意

图4-6　天津泰达厂的膜分离设备

4.3.2　生化处理工艺

活性污泥法是以活性污泥为主体的污水生物处理技术。活性污泥是一种黄褐色的絮凝体，由大量微生物群体——菌胶团组成。在曝气池向污水中注入空气充氧，微生物吸收氧气、降解有机物并生长繁殖，在沉淀池中活性污泥在重力作用下沉淀而从水中分离出来，最终得到澄清的出水。活性污泥法是最常用的污水生物处理技术，广泛应用在城市污水处理厂。

生物接触氧化法是在池内设填料，向池内供氧并搅动池内的污水，因填

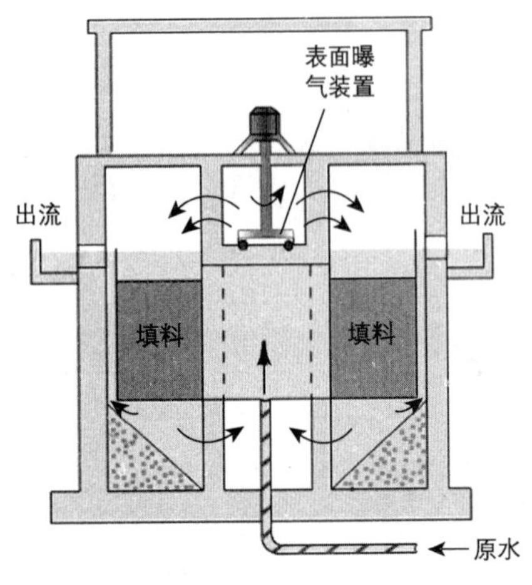

图4-7 接触氧化池基本构造

料上长满微生物而形成了生物膜，污水流经填料时与微生物接触，微生物吸收氧气并降解有机物，使污水得到净化（图4-7）。脱落的老化生物膜在后续的沉淀池中从水中分离出来，污水得到净化。接触氧化法占地小，耐冲击负荷，出水效果稳定，而且污泥生成量少，是分散式再生水处理站最常用的工艺。

膜生物反应器技术（MBR）是20世纪末发展起来的新型、高效的水处理技术，综合了生物处理技术和膜处理技术的优点。生物反应器内的微生物利用污水中的有机物生长繁殖，并在系统内形成适合有机污染物降解的生物链，而膜的分离作用将微生物截留在生物反应器内，使出水得到净化。MBR利用了膜分离的选择透过性与高效性，以及生物处理的有效性及彻底性，因此，其出水水质清澈，有机物含量极低，可直接回用。

图4-8 中空纤维膜MBR

土壤处理是将污水投配在土地上，通过土壤—植物系统，对污水进行的物化和生化处理。污水流经土壤，悬浮物被土壤颗粒间的空隙截留，而且土壤中还生存着种类繁多、数量巨大的微生物，能降解被截留的有机物颗粒和难溶性有机物。最有代表性的土壤处理系统是人工湿地。

湿地系统是将污水投放到土壤，使之处于水饱和状态，在土壤表面生长有芦苇、香蒲等耐水植物，通过植物根系的阻截、土壤及植物表面的吸附与吸收，微生物代谢作用使污水得到净化。土壤处理系统是一种自然处理系统，能够经济有效地处理污水，采用这种方法还可以建立良好的生态系统，绿化大地，是可持续发展的环境生态工程。

实际操作过程中，使用任何单一品种工艺都很难使出水达标，往往需将几种工艺组合成一个流程。各类工艺流程的首端一般均为格栅及毛发集聚器，末端均为消毒处理单元。中间可以是物化处理，也可以是生物处理，例如俗称“老三段”的混凝、沉淀、过滤，又如厌氧—缺氧—好氧的活性污泥法……工艺组合各种各样，各有其优缺点，适用于不同性质的再生水水源及不同的用途。

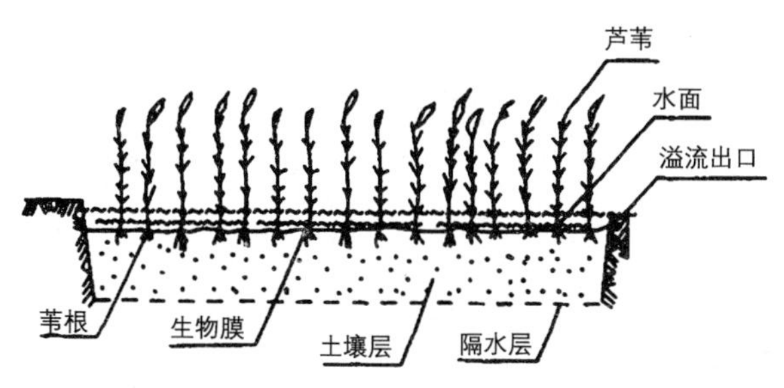

图4-9　湿地系统示意

图4-10　太湖人工湿地系统

4.4　再生水的水质和用途

可以使用不同的水处理工艺来改善污水的水质，使之满足不同的使用标准，用作城市、工业、农业、环境娱乐和补充水源水等。

一般把城市绿化用水、道路清洁喷洒用水、卫生设备冲洗用水都称为城市杂用水，这些水的特点是：水量大，水质要求低于饮用水。再生水用作城市杂用水可以替代大量优质水，扩大可利用的水资源范围和水的有效利用程度，符合城市用水“优质优用，低质低用”的原则。

由于城市中人口密集，必然要考虑它使用再生水的安全性及其对人和环境各方面的直接和间接影响，这就意味着要对再生水的水质提出一定的要求。一般说来，再生水用于城市应满足下列基本要求：

1. 符合各类使用规定的水质标准；
2. 系统技术可行，运行可靠，提供的水质水量稳定；
3. 使用时没有嗅觉和视觉上的不快感，对人体健康、环境质量、生态维护不产生不良影响；
4. 对使用的管道、设备等不产生腐蚀、堵塞、结垢等损害。

为此，我国颁布了国家标准《城市污水再生利用　城市杂用水水质》，详见表4-1。

城市杂用水水质控制指标　　**表4-1**

序号	指标	冲厕	道路喷洒	绿化	车辆冲洗
1	pH值	6.0~9.0			
2	色度/度	≤30			
3	嗅	无不快感			
4	浊度/NTU	≤5	≤10	≤10	≤5
5	溶解性总固体/（毫克/升）	≤1500	≤1500	≤1000	≤1000
6	5日生化需氧量（BOD_5）/（毫克/克）	≤10	≤15	≤20	≤10
7	氨氮/（毫克/升）	≤10	≤10	≤20	≤10
8	阴离子表面活性剂/（毫克/升）	≤1.0	≤1.0	≤1.0	≤0.5

续表

序号	指标	冲厕	道路喷洒	绿化	车辆冲洗
9	铁/（毫克/升）	≤0.3			≤0.3
10	锰/（毫克/升）	≤0.1			≤0.1
11	溶解氧/（毫克/升）	≥1.0			
12	总余氯/（毫克/升）	接触30分钟后≥1.0，管网末端≥0.2			
13	总大肠菌群/（个/升）	≤3			

从表中可以看出，冲厕、道路喷洒、绿化和车辆冲洗对水质的要求是不同的。下面对城市再生水满足不同用途所需要的水质分别加以叙述。

4.4.1 道路喷洒

道路喷洒水是为了保持街道广场的整洁，便利交通。在夏季，道路洒水还可以起到一定的降温和保护路面的作用。因为喷洒道路可以减少道路尘埃飞扬，也就可以减少空气中的细菌。街道冲洗用水量大，大约2~3升/日·平方米。但其水质要求较低，适合使用再生水。

有关实验研究表明，街道经喷洒后空气中细菌总数小于喷洒前细菌总数，以快车道的相差值为最大。但是，用再生水喷洒道路时，除了与工作人员发生直接接触外，再生水喷洒形成的水雾及气溶胶等飞扬到空气中，有可能与公众发生直接接触。若再生水消毒不彻底，生物学指标不合格，其中所含的致病菌可能影响工作人员和公众的身体健康。此外，若水中含有超过标准的有毒有害物质，也会对人体造成不同程度的损害。因此，必须严格控制回用水水质，确保用水的安全。

图4-11 再生水用于喷洒道路

4.4.2 绿化

近年来，我国城市绿化发展很快。绿地面积的增加虽然有利于改善城市生态环境和居民的生活条件，但也加剧了城市生活用水、工业用水与环境用水之间的矛盾。公共绿地的灌溉水量较大，为2升/日·平方米，因此用再生水浇灌绿地是解决矛盾的主要方法之一。目前，北京、天津、大连等诸多北方缺水城市已大量使用再生水灌溉街道、公园的草坪和树木，绿化用水的水质标准见表4－1。

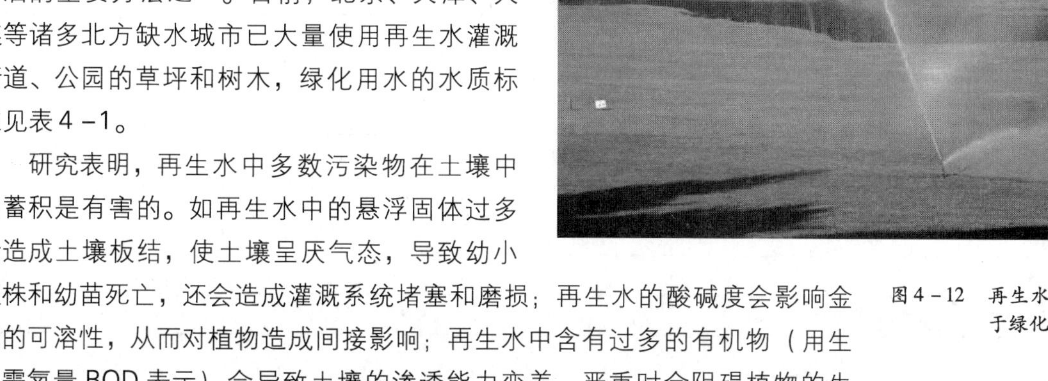

图4－12　再生水用于绿化

研究表明，再生水中多数污染物在土壤中的蓄积是有害的。如再生水中的悬浮固体过多会造成土壤板结，使土壤呈厌气态，导致幼小植株和幼苗死亡，还会造成灌溉系统堵塞和磨损；再生水的酸碱度会影响金属的可溶性，从而对植物造成间接影响；再生水中含有过多的有机物（用生化需氧量BOD表示）会导致土壤的渗透能力变差，严重时会阻碍植物的生长；再生水中含盐分（以溶解性总固体来表示）过量时，植物发芽延迟，生长受阻，枝叶变黄，根茎腐坏；铅、砷、铬和镉等重金属在土壤中累积会对植物造成伤害，影响植物的养分吸收和利用，打乱植物体内的代谢平衡，使细胞的生长发育停止；硼、锌、铜、锰、铁等微量元素是植物生长所需要的，少量施用有利于植物生长，但在土壤中过量富集就会对植物造成毒害，如硼害使植物叶片呈畸形萎蔫，退绿变黄甚至霉变；氮、磷、钾等营养元素是植物生长所大量必需的，但过量会影响植物开花授粉。如再生水的卫生学指标不合格，用它浇灌绿地时，水中的病原体有可能附着在树木和草坪上，若与人体接触会发生疾病的传播或感染。所以，绿地灌溉用水的卫生学指标很严格，余氯与大肠菌群的指标要求见表4－1。

4.4.3　景观水体

景观水体用水包括观赏性景观环境用水、娱乐性环境用水及湿地环境用水。与人体接触的娱乐性环境用水不应含有毒、有刺激性物质和病原微生物，对湿地则需根据具体情况，经评价后，提出相应的水质标准。表4－2是国标《城市污水再生利用 景观环境用水水质》。

景观环境用水的再生水水质控制指标（单位：毫克/升）　　**表4－2**

序号	项目	观赏性环境景观用水			娱乐性环境景观用水		
		河道类	湖泊类	水景类	河道类	湖泊类	水景类
1	基本要求	无漂浮物，无令人不愉快的嗅和味					
2	pH值	6～9					
3	5日生化需氧量（BOD_5）　≤	10	6		6		
4	悬浮颗粒　≤	20	10				
5	浊度/NTU　≤				5		
6	溶解氧　≥	1.5			2.0		

续表

序号	项目	观赏性环境景观用水			娱乐性环境景观用水		
		河道类	湖泊类	水景类	河道类	湖泊类	水景类
7	总磷 ≤	1.0	0.5		1.0	2.0	
8	总氮 ≤	15					
9	氨氮 ≤	5					
10	粪大肠菌群/（个/升）≤	10000		2000	500		不得检出
11	余氯 ≥	0.05					
12	色度/度 ≤	30					
13	石油类 ≤	1.0					
14	阴离子表面活性剂≤	0.5					

图 4－13　发生水华的湖体

作为景观水体，首先要在感官上给人舒适愉快的感觉，要求水体清澈，透明度高，不得出现混浊、黑臭以及水华现象。

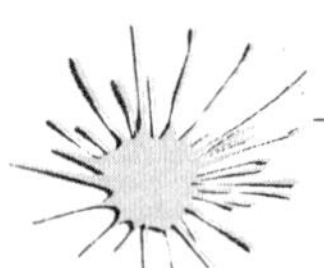

参考阅读：水华现象

水华现象也称为水体富营养化，是指水体中藻类大量繁殖，水呈蓝色或绿色油漆状，并散发腥臭味，水中植物及鱼类因缺氧而死亡。一般情况下，水体中的氮磷等营养物质过多是发生水华现象的主要原因。因此，控制再生水中的氮磷浓度显得尤其重要。

有些水景如喷泉、瀑布等，水及水中所含的物质易以细微气溶胶的形式在空气中扩散，有可能直接接触周围人群的皮肤或进入人体呼吸道，所以其卫生学指标备受关注。

常用的消毒方法是向再生水中加氯，而且使水中保持一定的氯浓度（即余氯），以杀死致病微生物。

图 4－14　再生水用于景观补水

4.4.4　洗车

图 4－15　再生水用于北京奥运公园补水

再生水洗车是当下的热门话题。每清洗一辆小型汽车需用水 0.06～0.1 吨，据 2005 年相关资料，北京拥有小型轿车约 240 万辆，以每辆车清洗一次用水 0.06 吨、每周清洗 1 次计，洗车用水将是 748.8 万吨/年，相当于 1 个昆明湖的水量。据不完全统计，哈尔滨市近几年有大小洗车行近千家，机动车 27 万余辆，每年洗车用水量达 600 万吨以上，相当于一座小型水库的储水量。从这两个例子可看出：如果用再生水洗车，那么将为城市节约大量饮用水资源！

利用再生水冲洗车辆时，对水质的要求是不腐蚀损害车辆部件，冲洗后车辆表面不遗留细小残留物。因此，主要的水质控制指标是 pH 值、固体颗粒及表面活性剂。pH 值宜尽量控制为中性，以避免对车辆冲洗部件的损害；固体颗粒和表面活性剂应严格控制在允许的范围内，避免在水分蒸发后车辆表面出现残留斑点。

4.4.5 冲厕

过去，城市中冲厕主要使用洁净的自来水，大量宝贵的水资源仅发挥了其最低的功用。冲厕用水量占住宅总用水量的20%以上，占办公楼及教学楼总用水量的60%以上，据专家估计，仅冲厕一项，我国每年就消耗大约100多亿立方米自来水，这相当于50座中型城市的年自来水用量。如果改用再生水冲厕，能节约大量水资源。此外，冲厕用水水量需求大，用水量稳定，水质要求低，非常适合使用再生水。

再生水用于冲洗卫生设施，需要考虑人们的心理感受。如果水的色度超标或有异味，会让使用者产生不愉快感，所以对冲厕再生水的物理感官指标有较高的要求。

冲厕水的使用场所在室内，其卫生学指标也应达到一定标准，否则可能造成病原体的传播。冲厕再生水的余氯和大肠菌群总数的标准与道路喷洒和绿化用水相同。

4.5 再生水安全吗?

随着再生水回用量的逐渐增加，再生水的安全性问题也被提上议程。使用再生水安全吗？这几乎是每个消费者在使用再生水之前都会提出的问题。在一项对北京、广东佛山和山东淄博的居民进行的随机抽样调查中，对几项影响再生水回用的因素，包括对污水再生情况的了解、对再生水的感官及心理接受程度、对再生水安全性的疑虑等进行了重点调查，结果表明，居民的顾虑主要集中于使用再生水的健康风险和水质感官两个方面。调查还发现，居民受教育程度越高，对再生水安全性的关注程度也越高。

从总体上来看，影响再生水安全的隐患包括了几个方面。

首先，再生水的回用类型决定了安全性。再生水在城市中的回用类型主要有：城镇杂用、地下水回补、景观娱乐、工业冷却等。针对再生水不同的用途和使用方式，表4－3分析了再生水中病原微生物和化学污染物影响人体健康和生态系统的可能途径。

再生水回用对人体健康和生态系统的影响途径　　表4－3

类别	用途	使用方式	可能的影响途径
城镇杂用水	园林绿化	高压喷灌、低压滴灌和微灌	呼吸道（气溶胶、蒸发）、消化道（接触）、毒害植物、污染土壤
	冲洗厕所、车辆清洗	高压冲洗	呼吸道、消化道
	街道喷洒	高压喷洒	呼吸道、消化道
	消防	高压喷洒	呼吸道、消化道、皮肤接触
	建筑施工降尘	低压喷洒	呼吸道、消化道、皮肤接触

续表

类别	用途	使用方式	可能的影响途径
回补地下水	水源补给		污染地下水
工业冷却水	循环冷却	冷却塔	呼吸道
景观娱乐用水	娱乐性水体、观赏性水体补水		呼吸道、消化道、皮肤接触、水体富营养化

从表中可看出，当再生水用作城市杂用水时，水中的病原微生物（致病菌）主要通过呼吸道和消化道损害公众的健康；当再生水用于回补地下水、抵制海水入侵、防止地面下沉时，水中的有机和无机物质有可能污染地下水；当再生水用作景观补水时，如水中含有过多的氮磷，会引起水体的富营养化。因此再生水水质是用户首先关注的问题。

其次，再生水水量是否能保证用户的正常使用，也备受关注。如果再生水的供应水量缺乏持续稳定性，那么其安全使用也存在一定隐患。

再次，再生水如果管理不当，很容易造成输配过程中的错接、渗漏等，长此以往会对人体、环境以及地下水水源造成威胁。

因此，下文从水质、水量及管理三方面来讨论再生水安全性，针对可能存在的安全隐患作出分析，消除用户在使用再生水过程中存在的忧虑。

4.5.1　再生水水质安全

再生水水质安全是再生水使用过程中最为关键的一个环节，如果经过深度处理后的污水达不到具体使用的标准，那么再生水的水价就是再经济也不能使用。

1. 再生水水源的安全性

在再生水的使用过程中，必须正确选择再生水水源以减轻后续净化工艺的压力，这也是保证再生水处理后出水水质的重要举措。

国家对再生水的水源是有一定要求的，凡是符合要求的水源才可以被用来制取再生水。换句话说：只要水源符合以下要求，再生水在取用的水源上就是安全的。

（1）再生水水源应取自建筑的生活排水和其他可以利用的水源，而且它们的水质应符合有关的国家标准，包括生活污水或市政排水、城市污水处理厂出水、处理达标的工业排水，而且它们的水质应符合有关的国家标准。

（2）再生水源应以生活污水为主，尽量减少工业废水所占比重，因工业废水的成分往往比较复杂，含有一些难降解有机物、重金属等。对于使用再生水的工业用户，其排水如对再生水水源水质有较大影响时，则不宜再作为再生水水源。

（3）不应将放射性废水作为再生水水源。因放射性废水含有不易降解、对人体健康影响大的有害物质。

（4）不应将医院污水作为再生水水源。因为医院污水可能含有影响健康的化学药物成分以及大量有害的传染性细菌。

2. 再生水处理过程的安全性

再生水仅用于非饮用水、非人体直接接触的低质用水领域，而并非饮用、洗涤等与人体有密切接触的用水领域。因此，人们最为关心的问题是病原菌传播而导致传染病暴发的可能性。

目前各种污水处理技术已经相当成熟可靠。无论是具有悠久历史的混凝、沉淀、过滤、活性污泥、生物膜工艺，还是臭氧、活性炭、紫外线、膜过滤等新型技术，其出水均能达到再生水水质标准。污水中虽然含有各种污染物、重金属和溶解性的盐类，有时还含有各种难降解的微污染有机物、致病菌、病毒和某些寄生虫卵，但是经过城市污水厂的适当处理，污水中的有害物质可降低至一个安全的水平。再经过再生水厂（站）的深度处理，进一步去除了水中不利于人体和环境的各种物质，特别是最后的消毒工艺不仅控制了水中的细菌数量，还通过控制水中的余氯浓度，使再生水在输送至用户的途中不会滋生微生物。在这方面我国有严格规定。因此，污水处理厂工艺及运行的可靠性保证了再生水的水质安全。

在此特别要提及的是膜生物反应器（MBR）。它是膜技术和污水生物处理技术有机结合产生的废水处理新工艺，也是目前再生水处理流程中经常被选用的工艺。通过膜分离，MBR 能取得对致病菌和病毒的高效去除，其出水中肠道病毒、总大肠杆菌、粪链球菌、粪大肠杆菌和大肠埃悉氏杆菌等都低至检测不出的水平。

此外，国家的再生水水质标准中，对氮、磷等有较高的要求，确保再生水用作水体补水时水体不出现富营养化现象。

有人曾做试验，分别用自来水与再生水喷洒道路，取喷洒后的空气样品分析。测试结果表明用再生水喷洒道路是安全的。当然，此处所说的再生水是指符合国家水质标准的再生水。只要再生水的水质不出现差错，与其用途相吻合，达到国家再生水水质标准，那么再生水在使用过程中就是安全的，消费者完全可以放心使用。

4.5.2 再生水水量安全

城市污水的特点是量大、集中且水质和水量都较稳定。就北京市而言，每天产生的污水量高达 250 多万吨，足以保证再生水厂的使用量，如北京市的 5 座再生水厂，高碑店（47 万立方米/日）、酒仙桥（6 万立方米/日）、方庄（1 万立方米/日）、肖家河（4 万立方米/日）和清河（8 万立方米/日）再生水厂。如果每个城市都能充分利用这一资源的话，相信城市的水源紧缺问题一定能够得到缓解。

4.5.3 再生水管理安全

现如今，污水处理的技术和设备都已经得到了快速发展，水质和水量也有了保障，但如果在再生水处理、输送和使用过程中管理措施跟不上的话，其安全性仍存在着隐患。

首先要确保自来水与再生水的供给是两个被严格分开的独立水系统，各自有专设的管网系统，各类输水管道应有差异显著的区分标志，以免误用。如将在使用再生水的绿地中以及供市政杂用水的取水井井盖、水箱、管道及出水口等设施都涂成绿色，并在显著位置给予醒目的标识，注明“再生水禁止饮用”字样，以免误饮、误用。使用再生水灌溉园林绿地时，应采取有人看管式，非灌溉用途时不能开启阀门。从公共卫生学角度考虑，在喷灌出水口附近 5 ~10 米范围内不宜设食品店、食品摊点。

为了严格保证再生水水质，应设立强有力的监督检查机制并制定相应的处罚标准。市政、供水、环保、卫生等部门都各司其职，起到相应的监管作用。对于敢于私自更改再生水管道、不按规定行事的企业及用户，给以严厉的处罚。

在再生水使用的过程中，再生水水质必须达到国家《生活杂用水水质标准》。一方面参照国家《生活杂用水标准检验法》并结合使用再生水的实际情况，对再生水水质进行检验，并跟踪监控，发现问题，立即启动相应的应急措施。另一方面要制定详细、完善的再生水使用质量保证体系。在水质安全、水量安全、管理安全的前提下，使用合格达标的再生水肯定是安全的。

4.6　使用再生水划算吗?

使用再生水在技术上是可靠的，那么在经济上是否有利呢? 这应该是大多数人都很关心的问题。

4. 6. 1　再生水的处理成本

再生水处理成本是指生产再生水过程中所需的各种费用，主要由以下几部分组成：

1. 电费

水泵、供氧设备、搅拌设备等均需要耗能，如使用膜技术则还需加压。耗电量根据耗电设备的功率、台数、用电时间计算。调查数据表明，电耗成本在总运行成本中所占比例最高。

2. 药剂费

使用物化处理工艺时往往要投加聚合氯化铝、三氯化铁、硫酸铝等混凝剂及助凝剂，另外还需要液氯、二氧化氯、次氯酸钠、漂白粉等消毒剂；如使用膜技术，则还需投加保护膜的阻垢剂和膜清洗药剂。

3. 人工费

4. 维修费

维修费按总投资的 3% 计算，包括大修费和日常检修维护费。

5. 折旧费

每年的折旧率按总投资的4.6%计算。

6. 管理费用和其他费用

按以上各项成本总和的10%计算。

再生水的处理成本因采用的工艺而异。如再生水为满足普通生活杂用，采用混凝、沉淀、过滤、消毒等常规工艺生产即可，其成本一般在1元/立方米以内；若再生水用于锅炉补水、洗车等，则需采用微滤、超滤、反渗透、膜生物反应器等工艺，其成本大致在3元/立方米左右。但现在随着膜的成本逐渐降低，此工艺的成本还有下降余地。

4.6.2 成本比较：再生水与其他取水方式

1. 再生水与自来水

再生水的原水是污水处理厂（站）的出水，用户无需缴纳水源费，因为用户使用自来水时所缴纳的污水费中已包括了污水处理厂的运行费用，这也就是说，使用再生水比使用自来水减少了水资源费这项开支。而从实际情况来看，水资源费在自来水水价中占有一定比例，如北京地区地表水的水资源费为2.2元/立方米，地下水的水资源费为2.0元/立方米。

再生水与自来水的价格之差是决定再生水回用程度与范围的决定性因素之一。现阶段自来水价格普遍偏低，导致再生水和自来水的价格差别不大，未能充分体现出再生水的优势，这是阻碍再生水回用的一个重要原因。而当饮用水水源日趋紧张时，自来水水价势必上涨，此时自来水与再生水的价差必然拉大，再生水的价格优势将真正体现。

2. 再生水与远程调水

专家预测，南水北调工程实施后，北京可使用长江水，如果按现行不变成本计算，其综合成本在7元/立方米以上，而且还未计入巨额的工程投资及占用大量耕地所造成的损失。

3. 再生水与海水淡化

能耗是直接决定海水淡化成本的关键。多年来，随着技术水平的提高，海水淡化的能耗不断降低，成本也随之降低，目前我国海水淡化的成本已经降至4~7元/立方米，苦咸水淡化的成本则降至2~4元/立方米，如天津大港电厂的海水淡化成本为5元/立方米，河北省沧州市的苦咸水淡化成本为2.5元/立方米。如果进一步综合利用，把淡化后的浓盐水用来制盐和提取化学物质等，则其成本还可以大大降低。但海水淡化受地域条件的限制，内陆城市就缺少海水淡化的先决条件。

再生水与其他取水方式的价格比较如表4-4所示。表中数据证明了目前再生水所具备的经济优势。

各种取水方式的价格比较 **表4-4**

取水方式	成本
再生水	1~3元/立方米
自来水（北京居民生活水价）	3.7元/立方米
南水北调（到北京）	7~20元/立方米
海水淡化	4~7元/立方米
苦咸水淡化	2~4元/立方米

4.6.3 再生水定价

再生水的价格应在社会承受能力范围之内，既不能低于其实际供水成本，也不能超过其价格上限——自来水的价格。由于使用再生水的主要目的之一是代替自来水，以解决水资源短缺危机，所以其价格常常以自来水的价格为参照物。按国际通行惯例，再生水价格一般为自来水价格的50%~80%。

城市再生水处理厂一般规模较大，因此处理费用相对较低，但其管网建设费用高，往往占到总投资的60%~80%。建筑（小区）再生水处理站的情况正好相反，因就地处理就地使用，其管网建设费用低，但因处理水量小，处理费用就高。相对而言，因管网建设费用问题，城市再生水成本一般高于建筑（小区）再生水。但如果城市再生水价格高于建筑（小区）再生水太多，势必影响到综合回用中水的市场开发，因为消费者乐意选用较低价格的水。

不同水质再生水的价格应该体现“优质优价，按质论价”的原则。对于以污水处理厂二级出水为水源，再经深度处理后使用的再生水，用户只需支付在二级出水基础上增加的处理费用和再生水输水费用；而直接利用污水处理厂处理出水的用户（如某些工业、农业等对水质要求较低的用户）则只需支付输送再生水的费用及管网的运行维护管理等费用。当然，综合回用的价格必须能够保证投资者的资本回收并有适当的利润，这是市场化的前提。

总之，在确定一个城市或地区的再生水价格时应综合考虑各种因素，有粗有细，如自来水的价格，集中式与分散式再生水系统制水成本的差别，不同用途对水质要求的不同而造成的制水成本的不同等，投资者合理的利润等等。以北京市为例，再生水（居民生活用水）定价为2.0元/立方米比较适宜。

4.6.4 再生水的投入产出比分析

建设和完善再生水设施不仅具有环境效益、社会效益，还可以带来直接或间接的经济效益，对此可以作粗略的定性分析。

1. 减少“水危机”所造成的损失，增加国家财政收入。水资源匮乏目前已成为城市经济及社会发展的制约因素，再生水回用设施的建设和完善，提供了可循环利用的再生水资源，可有效缓解“水危机”，从而直接支持城市经济的发展。

2. 节省水资源费支出。再生水利用可减少为开辟新水源而引起的投资费用，减少城市供水部门（如自来水公司等）的供水量。同时还可减少城市引水、净水设施的负荷，节约引水、净水边际费用。较之于远距离引水（如南水北调等），经济效益更为可观。

3. 减少小区排入城市污水处理设施的污水量，减小城市污水处理厂及其管网的规模，节省城市排水设施的建设费和运行费。

4. 减少环境污染及由污染所造成的损失，节约环境保护的投入。

5. 改善环境及自然人文景观，带来一定的旅游效益。

据初步统计，再生水工程的投入产出比约为1∶4.7，而且这是在未纳入因节水而增加的国家财政收入、污染物排放对社会造成的损失费用等要素的情况下，因此，这个分析结果还是较为保守的。若将再生水工程所带来的直接及间接的综合经济效益逐一量化，其投入产出比还将提高。

综上所述，再生水工程若设计合理，运行正常，管理严格，既开发了新水源，又能减轻城市给水排水设施的负荷，减少环境污染，带来综合性的经济效益和社会效益。

4.7 再生水利用实例

4.7.1 北京清河再生水厂

北京市清河再生水厂回用工程占地面积2.86公顷，总投资在1亿人民币左右。再生水厂处理规模为80000立方米/日，其中60000立方米主要作为奥林匹克公园人工湖，奥林匹克公园射箭场、曲棍球场等场馆景观水体的补充水，为绿色奥运创造良好的环境氛围。20000立方米则向海淀区及朝阳区部分区域提供市政杂用水。工程共铺设4条主要干线，全长38公里。

清河再生水厂是迄今为止全国最大的膜处理再生水厂，具有自动化程度高、工艺先进的特点。清河再生水厂以清河污水处理厂的二级出水为水源，经过深度处理使水质达到回用要求。主体工艺采用先进的超滤膜过滤、活性炭吸附、臭氧脱色消毒等，出水清澈透明，无色无味，为实现绿色奥运作出了重要贡献。以下为清河再生水厂处理工艺流程。

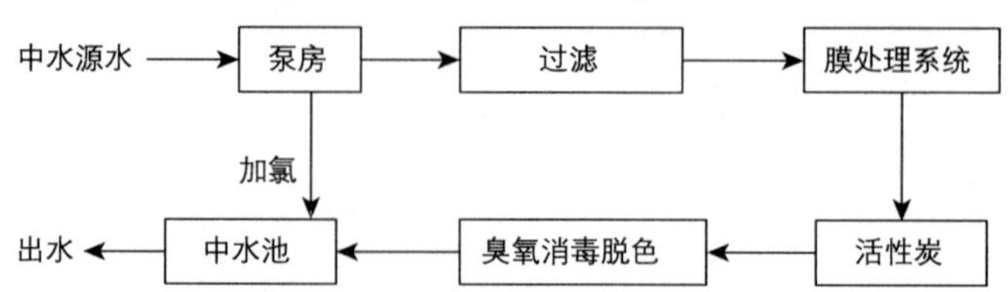

图4－16 清河再生水厂膜处理车间

4.7.2 新世纪饭店再生水站

北京新世纪饭店再生水处理站占地面积200平方米，日处理水量为200立方米，自1993年起一直正常运行。再生水站主要收集饭店的洗浴废水，使用传统的生化加物化处理工艺。处理工艺流程如下所示：

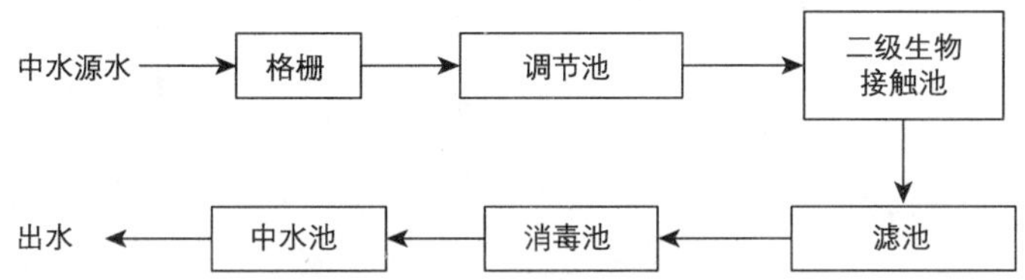

其中，格栅用以拦截污水中的大块漂浮物，保证后续工序的正常运行。调节池用以均衡水质和水量，调节时间为6小时。此再生水站采用的生化工艺为二级生物接触氧化，后续集混凝沉淀于一体的综合净水器和聚苯乙烯滤珠过滤，出水经加氯消毒后进入清水储池。其出水达到生活杂用水质标准，用于饭店的冲厕、空调补水、洗车及屋顶花园的灌溉。系统实现了自动控制，操作方便且节约劳力。

图4－17 北京新世纪饭店再生水站

第5章　城市绿化节水

城市绿化是指在城市中栽种树木、花卉、草坪和地被，使整个城市大地披上一层绿色的外装，用以提高城市居民生活质量、优化城市工作和生活环境、协调城市生态并创造优雅城市面貌，使其在一种健康和谐的基础上持续发展的种植植物的行为。它既包括各种公共绿地如居民区、公园、花园、植物园、动物园、街道、小游园、儿童活动场所以及名胜古迹、风景区的绿化，也包括机关、学校、工厂、医院、部队、居民区等各单位内部休息和活动的专用绿地的绿化，还包括河道两旁，铁路、公路两旁，苗圃、果园、竹园以及城郊防护林带绿化等等，具有城市普遍绿化的重要意义。城市绿化提倡粗放管理，以生态效益为主，兼有美化功能。

城市绿化按绿化位置可分为城市绿化和郊区绿化。按绿化区的使用对象不同可分为公共绿化和专用绿化。公共绿化（指供全市居民或地区居民直接享用的绿化地带）包括公园绿化、居民区绿化、道路绿化、河道绿化、街道绿化、花园绿化、小游园绿化、儿童活动场所绿化、植物园绿化、动物园绿化、名胜古迹区绿化、风景区绿化以及防护林绿化等。专用绿化（指某一个单位的附属绿地，供某一个单位局部使用或者有专门服务对象的绿化地带）包括工厂绿化、机关绿化、团体绿化、学校绿化、医院绿化、企事业单位绿化等。根据绿化空间位置不同，可分为地面绿化、墙垣绿化、棚架绿化、立交桥绿化、屋顶绿化、水体绿化。根据绿化配置方式不同，可分为乔木＋灌木＋草坪（或宿根花卉或地被植物或三者组合）绿化、乔木＋灌木绿化、乔木＋草坪（或宿根花卉或地被植物或三者组合）绿化、灌木＋草坪（或宿根花卉或地被植物或三者组合）绿化、乔木绿化、灌木绿化、草坪绿化、地被植物绿化、宿根花卉绿化等。

5.1　城市为什么需要绿化

我们的城市需要绿化吗？享受过盛夏季节绿茵的凉爽，四季鸟语花香的如画风景，以及去过市内公园、自然风景名胜区、森林公园的人们最有发言权，答案是肯定的。绿化对于改善城市的生存环境具有以下两个方面的作用。

5.1.1 美化环境

植物在生长过程中表现出四季不同的季相变化，春季花团锦簇，五彩缤纷；夏季绿树成荫，凉爽惬意；秋季硕果累累，金风怡人；冬季白雪覆盖，银妆素裹。花草树木均具有其独特的观赏效果，以观花为主的植物种类最多。如北京三季均有花可观，春季观花的如玉兰、泡桐、迎春、连翘、榆叶梅、猬实、荷包牡丹、春白菊等；夏季观花的有合欢、栾树、珍珠梅、木槿、桔梗、天人菊、假龙头等；秋季观花的有黄山栾、月季、紫薇、荷兰菊、甘野菊等。

图 5－1　四季植物

植物除花具有观赏价值外，株形、干皮、叶片、果实的形状及颜色、叶色等也具美化效果，如龙爪槐的伞形树冠，雪松树塔形冠尖，白皮松的斑驳树皮，红瑞木的血红色枝条，棣棠周年绿色的枝条，银杏的扇形叶片，紫荆的叶片心形，元宝枫的元宝状果实，水栒子亮红色的果实等都有其独特的观赏价值。叶色方面，不同季节，同种植物具有明显的季相变化特征，有的植物如臭椿、香椿、元宝枫、栾树等，秋季展叶时叶片红色，被称为春叶色植物；有的植物如黄栌、柿树、元宝枫、火炬树、爬山虎等，秋季叶色变为红色，是典型的秋季观红色叶植物；有的植物如银杏、栾树、刺槐、杨树等，秋季叶色变为金黄色，为秋季观黄色叶植物；还有的植物如紫叶李、紫叶碧桃、紫叶矮樱、紫叶小檗、金叶女贞、蓝叶忍冬、胭脂红景天等，常年叶色为非绿色，被称为常年异色叶植物。叶色和花色共同美化了人类居住的环境。

5.1.2　改善环境

城市绿化具有调节温度的作用。夏季的时候，人们一般愿意走在林荫下，享受树木遮挡阳光后给我们带来的凉爽宜人的感觉。有人对行道树的夏季遮荫降温效果进行过试验测定，其数据显示，树荫下温度比阳光下温度低2.3～4.9℃，因树种不同遮荫效果大小不一。冬季大风季节，乔灌草搭配种植的地方，植物种植密集，温度比无植物区高，风力小。综合来讲，植物具有夏季降温和冬季保温、降风的效果。

城市绿化具有改善空气湿度的作用。人们感觉舒适的空气的相对湿度为30%～60%，园林植物可以通过叶面蒸腾增加空气湿度，一株中等大小的杨树，在夏季白天每小时可由叶片蒸腾25千克水到空气中，一天的蒸腾量超过半吨。如果在一个地方有100株树，则就相当于在该处每天浇洒50吨水的效果，这些水进入到空气中，可达到改善空气湿度的作用。

城市绿化具有供氧吸碳的作用。有人把绿色植物比喻成“新鲜空气的加工厂”，空气中60%以上的氧气是通过绿色植物加工而成的。空气中二氧化碳的正常含量为0.03%，但是在人口密集和工厂集中地区，由于生活和生产大量排放二氧化碳，所以浓度可达0.05%～0.07%，局部地区甚至更高。当空气中二氧化碳含量达到0.2%～0.6%时，就会引起人们头疼、耳鸣、血压增高、呕吐等各种反应，而含量达10%以上则会造成死亡。绿色植物是二氧化碳和氧气的调节器，它吸入的是二氧化碳，而释放出的是供人类生存的氧气，据测定，每公顷园林绿地每天吸收二氧化碳900千克，生产氧气600千克。若体重75千克的人每日呼吸时排出二氧化碳0.90千克，消耗氧气0.75千克。据此计算，城市居民每人若有绿地面积10平方米，就可以消耗掉每人因呼吸排出的二氧化碳并供给需要的氧气。

城市绿化具有吸收有毒气体的作用。随着工业生产规模日益扩大，工厂排放的有害气体如二氧化硫、氟、铅、镉、钼、锌等废气、废水、废渣大量进入空气、水体和土壤，严重污染城市环境，需要绿化植物的净化和清洗。据测定，大叶黄杨、垂柳、悬铃木、槐树、臭椿、石榴吸收二氧化硫的能力较强；旱柳、臭椿、忍冬、君迁子吸收氯气的能力较强；杨树和槐树有较强的吸镉能力。加杨、梧桐、桑树吸收氟化氢的能力较强。

城市绿化具有阻滞烟尘的作用。大气中有很多尘埃，包括土壤微粒、金属粉尘、矿物粉

图 5－2　植物供氧吸碳的作用

尘、植物性粉尘等。冬季和早春季节，华北、东北和西北的沙尘天气较多，扬沙天气空气中有好多土壤微粒，当沙尘过去，我们能看到植物叶片上面覆盖一层薄土。植物的阻挡能在一定程度上起到净化空气的作用，降水之后，土粒又流入地表，植物又恢复其吸尘的能力。

城市绿化具有杀菌作用。空气中散布着各种细菌，尤以城市公共场所细菌含量最高，植物主要通过阻滞烟尘和本身分泌杀菌素来减少空气中细菌的含量，例如 1 公顷的圆柏林每天能分泌出 30 千克杀菌素，可杀死白喉、肺结核、伤寒、痢疾等病菌，0. 1 克稠李的冬芽磨碎后，能在 1 秒钟内杀死苍蝇。不同绿化配置方式和非绿地对空气中的含菌数量有一定的影响，就乔灌草型、灌草型、草坪和非绿地四类而言，绿地中的含菌量明显少于非绿地，三类绿地之间差异很小，含菌量最低的为草坪，平均为 2025 个/立方米，而非绿地空气中含菌量平均达 7009 个/立方米。还有的测定表明，林区与城市百货大楼空气中含菌率相差 10 万倍，公园与百货大楼相差 4000 倍。综合以上数据可以看出，城市绿化可杀灭细菌，减少传染性疾病发生，保护人们身体健康。

城市绿化具有减弱噪声的作用。噪声也属于环境污染，噪声超过 70 分贝时，对人体就有不利影响，如长期处于 90 分贝以上的噪声中，就有可能发生噪声性耳聋。植物对减弱噪声有一定的作用，能够吸收、反射部分声波，紧邻公路、机场或工厂附近的房屋，如植有大片林带，则可明显减少噪声干涉。据测定，40 米宽的林带，可以降低噪声 10 ~15 分贝，公园中成片的植物可降低噪声 26 ~40 分贝，绿化的街道与未绿化的街道相比，可降低噪声 8 ~10 分贝。

5.2 城市绿化植物

5. 2. 1 选择城市绿化植物的标准

城市绿化植物在选择上首先遵循适地适树、适地适花、适地适草的原则，以耐旱、节水、涵养水源的乡土植物的应用为主。乡土植物一般耐干旱瘠薄、抗寒、抗病虫害能力强，不浇或遇干旱时少浇水，粗放管理即可保证植物正常生长。因此北京市已经提出选用节水、耐旱乡土植物为城市绿化的主要材料。

其次应考虑植物的观赏价值。植物美化环境的作用是直接可以观察到的，在进行绿地规划设计过程中，除注重乡土植物的应用外，同时为丰富植物种类，提高城市绿化景观质量，可适当应用已经过引种驯化且观赏效果好的外来引进植物和新优品种，将生态美与景观美紧密结合起来，充分考虑植物的共生互补和生物物种的多样性，尽力把乔、灌、花、草结合起来形成最佳的景观，发挥植物保护环境、改善环境和美化环境的最大效能。

5.2.2　城市绿化植物的分类

1. 乔木

在所有植物中，乔木总体海拔最高且寿命最长。一般把高度在 5 米以上、具有明显主干的木本植物称为乔木。根据高度不同，乔木中又分为大乔、中乔和小乔，大乔高度在 20 米以上，如毛白杨、刺槐、银杏、白蜡等；中乔高度 10 ~20 米，如国槐、栾树、玉兰、柿树等；小乔高度 5 ~10 米，如元宝枫、山桃、黄栌、紫叶李等。

2. 灌木

高度小于 5 米，无明显主干或主干甚矮，植物器官（枝条、叶、花、果）多数具有某一方面的观赏价值的木本植物为灌木。如观枝灌木红瑞木、棣棠、迎春等；观叶灌木金叶女贞、紫叶小檗、紫叶桃、金叶风箱果、蓝叶忍冬、金亮锦带等；观花灌木榆叶梅、碧桃、连翘、紫薇、珍珠梅等；观果灌木金银木、海州常山、黄果忍冬、紫珠等。

3. 藤本

一般指不能独立生长，靠攀附或缠绕它物上进行生长的植物。根据其生长特点的不同可分为：吸附类（依靠吸盘或气根），如爬山虎（具吸盘和卷须）、美国地锦（具吸盘和卷须）、凌霄（具气根）、扶芳藤（具气根）等；缠绕类，如茑萝、紫藤、金银花、牵牛花等；攀缘类，如蔓性蔷薇、爬行月季等；卷须类，如葡萄。

4. 草坪与地被植物

草坪又叫草地，是人工铺植草皮或播种培育的，经过细心修剪维护，用以覆盖地面的绿色毡毯，一般选用禾本科和莎草科生长低矮、质地优良、适应性和扩展性强、长势均匀的草本植物。草坪分为冷季型和暖季型两大类，北京市常见的暖季型草坪主要有狗牙根、结缕草和野牛草，冷季型草坪草主要有高羊茅、黑麦草和草地早熟禾。

地被植物是指为了改善环境或提高环境质量，利用覆盖性能良好并具有一定观赏或经济价值的植物建立的地面植被覆盖层，包括蔓生植物、丛生植物、草甸植物、藤本植物以及蕨类植物等。地被植物耗水量小，仅为草坪的一半，因此目前推广的节水型园林绿化不提倡大量使用草坪，多用地被植物和宿根花卉来取代之。

5. 宿根花卉

也叫多年生花卉，个体寿命超过两年，能多次开花结实，秋末地上部分枯萎，但根在地下可越冬存活，来年早春再度萌发，生长枝叶，开花结果。这类花卉由于具有种类多，适应环境能力强，耐旱、耐寒、耐瘠薄土壤、病虫害较少、繁殖容易、栽培简单、管理粗放、成本低、见效快、群体功能强等优点，在园林绿化中应用较广泛，如马蔺、鸢尾、萱草、大花金鸡菊、蓍草、宿根福禄考等。

景天类植物和多年生球根花卉也属于宿根花卉。景天类植物大多根系浅而抗性强，肉质叶片储藏水分多，具有耐干旱瘠薄、耐寒、耐热、抗风、少病虫害等优点，非常适合浇水困难的屋顶绿化应用，也是近几年北京屋顶绿化的首选植物，如佛甲草、垂盆草、八宝景天、费莱、胭脂红景天等。该类植物植株低矮，繁殖能力强，扩张速度快，而且具有良好的耐旱性，无须过多灌溉、施肥和修剪处理。

6. 观赏草

观赏草是那些叶色、茎（秆)、花（序）或株（丛）型美丽、有特色和有观赏价值的草或叶片像草一样的草本植物的统称。常见的观赏草叶线形或线状披针形，具有平行脉，须根多，并且观赏草种类较多，多数是禾本科和莎草科的植物，耐干旱瘠薄能力强，病虫害少，植株本身具有独特的观赏特征。国外观赏草应用较多，国内还处于起步阶段，仅北京、上海等少数城市对其进行推广。观赏草比冷季型草坪草节水效果好，观赏价值高，受到园林部门的一致好评。

5.3 植物能喝多少水

5.3.1 水和植物的关系

水是人类赖以生存的基础，如果成年人每天补充 2.5 升的水分，就会精神矍铄，身体健康，反之，就会感觉干渴无力，干活没劲，精神状态差。植物和我们人类一样，对水也是爱之如命，因为水直接关系着它们的健康状况甚至生命。

水是植物体的重要组成部分，草本植物的水分含量可达 70%～85%，如果缺水，它们的叶片就会卷曲、植株开始萎蔫，叶片变黄干枯，严重缺水可导致死亡。

植物体中的水分可以调节植物的生长环境。夏季太阳辐射强、气温高，植物的“体温”也相应升高，这时植株通过增加蒸发量（类似于人体的出汗)，带走体内多余的热量，降低自身的温度，实现正常的新陈代谢。

植物体中的水分也直接参与植株的生命活动，如光合作用和呼吸作用等。通过光合作用，植物把无机物（水和二氧化碳）变成有机物质，并存储能量。光合作用不仅为植物生长积聚物质，同时也改善了环境，增加了空气中的氧气，减少了二氧化碳含量，降低了周围的温度。呼吸作用和光合作用相反，是分解有机物质并释放能量，释放的能量用于植物对营养元素的吸收和运输，有机物的运输和合成等。

植物不能吸收固态的营养物质如氮、磷、钾，以及其他的微量元素如铁、锰、锌等，只有等这些营养物质溶解在水里，植物的根系吸收水分时，这些营养物质和水分一起，通过植株体内的导管，一起被输送到全身的各个位置，维持植物的正常生长。

下面主要以北京市为例，定量分析绿化植物与水的关系。

5.3.2　绿化乔木能“喝”多少水

北京市的绿化乔木主要有落叶乔木和常绿乔木，落叶乔木树种主要有栾树、臭椿、白蜡、银杏、国槐、垂柳、毛白杨和西府海棠等，常绿乔木主要有油松、桧柏和白皮松等。北京市主要绿化乔木的消耗水量参考表5－1。

北京市常见乔木类植物单株年耗水量　　表5－1

类别	植物名称	绿叶量	日最大消耗水量	年消耗水量
		平方米	千克/株	立方米/株
落叶乔木（胸径15厘米）	栾树	141.13	180.6	23.1
	臭椿	117.12	151.1	19.3
	白蜡	160.75	254.0	32.4
	银杏	91.46	115.2	14.7
	国槐	141.53	254.8	32.6
	垂柳	115.84	215.5	27.6
	毛白杨	85.97	153.9	19.6
	西府海棠	8.2	9.3	1.2
常绿乔木（胸径10厘米）	油松	87.51	136.5	17.4
	桧柏	51.42	87.4	11.1
	白皮松	120.77	210.1	26.8

说明：表中的数据来自于刘洪禄等（2006年）编著的《城市绿地节水技术》。

5.3.3　绿化灌木能“喝”多少水

北京市常用的绿化灌木主要有丁香、金银木、连翘、天目琼花、榆叶梅、紫薇和珍珠梅等，其年耗水量因种类和树龄大小不同而差异较大。对于成年的绿化灌木，其耗水量见表5－2。

北京市常见灌木类植物单株年耗水量　　表5－2

植物名称	绿叶量	日最大消耗水量	年消耗水量
	平方米	千克/株	吨/株
丁香	6.8	7.5	1.0
金银木	10.7	14.2	1.8
连翘	2.8	4.1	0.5
天目琼花	2.6	2.6	0.3
榆叶梅	17.1	24.3	3.1
紫薇	9.8	14.0	1.8
珍珠梅	9.8	11.6	1.5

说明：表中的数据来自于刘洪禄等（2006年）编著的《城市绿地节水技术》。

5.3.4　草坪与地被植物能“喝”多少水

草坪和地被是城市绿地的最主要组成部分。《北京统计年鉴》显示，2004 年北京市的草坪面积占总绿地面积已达 80%以上，人均草坪面积也已经达到 9.1 平方米。了解和掌握草坪的耗水量，是进行北京城市绿化节水和建设节水型城市的关键之一。

北京市的草坪主要分为暖季型草坪和冷季型草坪，冷季型草坪草的耗水量一般要大于暖季型的，但是草坪质量要高于暖季型的。北京市建植暖季型草坪的草坪草主要有狗牙根、野牛草和结缕草，它们每年的绿期一般在 150 天左右，每年每平方米的耗水量一般在 650 ~750 升之间。北京市的冷季型草坪草主要包括高羊茅、多年生黑麦草和草地早熟禾，它们每年的绿期可达 240 天左右，每年每平方米的耗水量一般在 800 ~1000 千克之间。考虑到北京市年每平方米平均降水量为 590 毫米，这样暖季型草坪草每年每平方米需要灌溉的水量为 60 ~160 升，冷季型草坪草每年每平方米的灌溉水量为210 ~410 升。

在 2004 年，北京市的草坪面积为 8337 公顷（约 12.5 万亩），其中冷季型草坪面积和暖季型草坪面积分别占 60%和 40%，则北京市每年草坪的灌溉水量约为 3084 万立方米。

5.4　城市绿化节水耐旱植物——真正节水的源头

5.4.1　什么是节水耐旱植物

节水耐旱植物是指植物本身具有抗旱特性，能在当地年均降水量保持稳定的情况下正常生长发育，具有良好观赏价值的种或品种。节水耐旱植物繁殖容易，可通过播种、扦插、嫁接、组培等方法进行繁殖；具有较强的抗逆性，耐干旱瘠薄、抗病虫害能力强；对土壤要求不严，具有大规模推广应用的价值，可广泛用于园林绿化建设事业。

节水耐旱植物一般以原产于本地区的乡土植物居多，也包括通过长期引种、栽培和繁殖，被证明已完全适应本地区气候和环境的种和新优品种。这类植物一般在新植后的 1 ~2 年内，根系没有完全恢复的情况下适当补充水分，年降水量正常年份，不需灌溉可良好生长并满足园林景观的需求，其耗水量是草坪的 10%以下，是其他喜水植物的 20% ~30%，节水功能非常明显。

5.4.2　节水耐旱植物的特点

◆ 抗旱植物的形态特征是长期适应干旱环境的结果

抗旱植物的形态特征主要有：①株形紧凑，叶片茸毛多，如构树；②蜡质层和角质层厚，如马蔺、沙冬青，马蔺叶片，作插花切叶 7 天不萎蔫；③叶片较小、粗糙、灰绿，如松柏科中大多数植物、柽柳、金叶莸、沙冬青；④叶厚，肉质叶，如佛甲草、八宝、费菜等，储存的水分能自给自足，生长过程中不需浇水，这类植物尤其适合浇水困难的屋顶绿化应用，目前成为北京屋顶绿化的主要植物材料；⑤无花瓣、花期叶片退化，如旱柳、黄花矶松等；⑥根系分布深，如国槐、臭椿等，植物能从地下更深处吸收水分，从而具有抗旱的特性。

◆ 抗旱植物的遗传特性

植物抗旱能力的强弱与本身的抗旱基因有关，并具有遗传特性，抗性强的植物种类，其后代依然保持抗旱特性，同样，喜水湿植物无论种植在南方湿润地还是北方干旱少雨地区，它对水分的需求量不变。近年来，随着生物技术的不断发展，利用基因工程培育抗旱新品种已取得成效，因此对于一些观赏效果好、抗旱性弱的种类，可通过转基因技术改变遗传特性，提高植物抗旱性，达到节水目的。

5.4.3　节水耐旱植物的分类

节水耐旱植物根据忍受干旱能力强弱的不同，分为以下四类：

◆ 耐旱力强的植物

新栽植的植物需要连续 3 次灌定根水，如不遇特殊年份，每年只需灌 3 次水，连续灌溉 1～2 年（指乔灌木），后期不需采取任何措施，依赖自然降水即可正常生长，并满足景观需求的植物。常见植物有侧柏、圆柏、旱柳、栓皮栎、榆树、构树、臭椿、千头椿、火炬树、黄栌、砂地柏、沙冬青、平枝栒子、水栒子、野蔷薇、黄刺玫、紫穗槐、马蔺、甘野菊、小红菊、一枝黄花、蜀葵、垂盆草、景天、八宝、费菜、佛甲草、狼尾草、拂子茅等。

◆ 耐旱力较强的植物

新栽植的植物需要连续 3 次灌定根水，如不遇特殊年份，每年只需灌 3 次水，连续灌溉 1～2 年（指乔灌木），后期每年需灌溉 1～2 次，自然降水下可正常生长，并满足景观需求的植物。常见植物有雪松、白皮松、油松、龙柏、毛白杨、小叶朴、桑树、山楂、西府海棠、紫叶李、国槐、龙爪槐、丝棉木、元宝枫、栾树、柿树、暴马丁香、月季、玫瑰、榆叶梅、小叶黄杨、大叶黄杨、木槿、紫薇、石榴、丁香、金叶女贞、迎春、锦带花、金银木、爬山虎、崂峪苔草、鸢尾类、萱草类、蛇鞭菊、蓍、紫松果菊、荷兰菊、长芒草等。

◆ 耐旱力中等的植物

除新栽植的植物需要连续 3 次灌定根水外，如不遇特殊年份，每年只需灌 3 次水，连续灌溉 1～2 年（指乔灌木），后期每年需灌溉 2～3 次，自然降水下可正常生长，并满足景观需求的植物。常见植物有银杏、银白杨、新疆杨、加拿大杨、杜仲、悬铃木、白蜡、毛泡桐、牡丹、珍珠梅、贴梗海棠、棣棠、紫荆、连翘、金钟花、鹅绒萎陵菜、匍匐委陵菜、连钱草、蛇莓、石竹、月见草、玉簪、紫萼、假龙头、银边草等。

◆ 耐旱力弱的植物

除新栽植的植物需要连续3次灌定根水外，如不遇特殊年份，每年仍需灌溉4~5次，自然降水下可正常生长，并满足景观需求的植物。常见植物有玉兰、鹅掌楸、核桃、樱花、粗榧、天目琼花、匍枝毛茛、百脉根、芍药、蓝羊茅等。

5.5 城市绿化节水途径

5.5.1 城市绿化节水方法选择的原则

节水并不是不用水，而是通过提高水的利用效率，减少无效用水，实现真正节约水资源的目的。城市绿地节水就是采用一定的措施，减少无效的水分损耗（主要为裸地的蒸发和过量灌水后水分的损失），充分利用雨水、减少灌溉用水，最终实现人类、资源、环境、社会和经济的和谐发展。因此在选择绿化节水方法的时候，应该考虑以下四个原则：

◆ 节约用水原则

即采用提出的方法后，能够实实在在地节约用水，减少水分损失。

◆ 环境美化原则

即采用节水技术后，绿地的质量应该满足最低的设计要求，不能节约了用水，却毁坏了绿地，降低了人们生活的质量。

◆ 绿化环境的可持续发展原则

即采用提出的节水技术后，能够持续地实现水资源、绿地环境和居民生活的和谐发展，而不能只是在一定的时间内实现。

◆ 经济和技术可行性原则

提出的节水技术应该在当前的条件下能够实现，不存在技术和经济方面的制约。

根据以上原则，我们提出了下面一些节水的技术和管理方法，并分别进行介绍。

5.5.2 选择节水耐旱绿化植物

节水耐旱绿化植物就是在土壤水分亏缺的条件下依然能够正常生长、保持一定景观效果的植物。绿化植物的耐旱性是由植物本身的生理特性决定的，因此不同种类的绿化作物其耐旱性是不一样的。

冷季型草坪草的生长时间长（240天左右），景观效果好，但是耗水量较高。暖季型草坪草一般生长时间较短（150天左右），景观效果一般，但是耗水量也较小。因此根据不同的绿地质量要求，可选择不同的草坪类型。在草坪质量要求较高的地方（如天安门广场、博物馆、纪念馆、植物园、动物园、医院、高校等地方），可选择种植冷季型草坪（高羊茅、草地早熟禾、黑麦草等），而在草坪质量要求一般的地方（如道路绿化带、河道两岸的绿化带、部分边坡地区、一般公园、野生动物园等地方），可选择种植暖季型草坪（狗牙根、野牛草和结缕草等）。

乡土植物经过长期的发展和进化，已经适应了当地的气候、土壤、水资源等环境条件，因此也比较耐旱，一般可以选用作为节水的绿地植物。

5.5.3　应用节水灌溉技术

节水灌溉技术，顾名思义就是能够节约水资源的灌溉技术，也就是说要减少水分的无效消耗，使得灌溉的水分能够全部被绿化植物所吸收和利用。传统的灌溉技术如大水漫灌一般不能成为节水灌溉技术，因为它们灌溉水量一般偏多，且灌溉水分在绿地的分布不均匀，造成水分的渗漏，减少灌溉水分的有效性。

现在城市绿化常用的节水灌溉技术主要有喷灌、微灌和滴灌。这三种技术都采用管道输水，减少了水分在输送工程中的损失，同时灌溉水量也比较均匀，能够促进植物的均衡生长。尤其是滴灌技术，因为其直接把水输送到植物的根部，最大限度地减少了地面的湿润面积，因此节水效果也是最好的，一般可节约用水 50％以上。

喷灌控制的范围一般较大，因此适用于绿化面积较大的草坪、灌木等。喷灌受风的影响较大，白天阳光较强时也不适合喷灌，因此一般选择在风速较小的晚上和早晨灌水。微灌控制的面积一般较小，因此适合于种植面积较小的草坪绿地等，如道路隔离带的绿地，居民小区内的绿地，学校、医院和公园内的小块或者不规则的绿地等。滴灌属于局部灌溉，适宜于条播的草坪和地被、行播且行距较大的植物或者零星种植的植物，如高速公路的绿化隔离带、公园栽植的绿化树等。滴灌不受风和太阳照射的影响，可以在一天 24 小时内随时灌溉。

5.5.4　实施节水灌溉计划

节水灌溉计划就是根据绿化植物的耗水过程和抗旱特性，以及当地的气象条件（主要为降水量、辐射、温湿度和风速等），充分考虑绿化植物的服务功能（即种植的场所和服务的对象），确定相应的灌水日期和每次的灌溉水量。实施灌溉计划就是针对确定的绿地，根据已经制定的节水灌溉计划，借用一些控制和测量设备（如灌溉自动控制器、水表、时间控制器、阀门等），精确监控灌溉的水量和日期，使得灌溉的水量和计划灌溉的水量一样，实现节约用水的目的。

为了合理地实现节水灌溉计划，需要准确地测定每次灌溉的水量。灌溉水量确定的方法较多，下面就几种常用的进行介绍。

图5－3 喷灌测量报警器

1. 计算机控制自动灌溉系统

这种灌溉系统一般安装在对绿地质量要求比较高的地方，如植物园、动物园等。因为灌溉的参数都输入到了自动控制器中，系统根据设定的参数开启和关闭灌溉设备，灌溉水量能得到准确的控制。

2. 水量控制方法

这是直接测量灌溉水量的一种方法，通过水表或者一定的水量测量设备进行测定。计算需要灌溉的水量，记录水表的读数，当水表测量的水量和计算的灌溉水量一样时，就关闭灌溉系统，这适合于任何通过管道输水进行灌溉的方式，比如漫灌、喷灌、微灌和滴灌。对于喷灌和微喷灌，可以在灌溉区域内布置一个水量报警器（图5－3）。当测量的水量和计划灌溉的水量一样时，报警器报警，通知灌溉人员灌溉水量达到，应该关闭灌溉系统。

3. 灌水时间控制方法

这是一种间接测量灌溉水量的方法，但是测量简单，比较实用。我们知道灌溉管道中水的流速一般是可知的，根据确定的灌溉水量和管道中水的流速，就能计算每次灌溉的时间。知道了灌溉的时间，我们每次灌溉时只需要带一块手表就行。当手表显示的灌溉时间已到时，就关闭灌溉设备，停止灌溉。这种方法既适合于大面积的灌溉场地，也适合于小面积场地，甚至是一棵一棵的树木。

5.5.5 充分利用雨水

在城市绿化节水活动中，我们不仅要“节流”，即节约使用各种水资源，同时还要“开源”，即广泛地利用各种水资源。在城市中，除了河流、湖水和地下水外，可用的水资源还有雨水、雪水、空调凝结水、植物露水、中水和雾水等，其中雨水水量最大，水质也较好，收集也比较简单，因此可以作为绿地灌溉的替代水源。

北京市多年平均降水量一般在590毫米左右（每平方米平均降水量为0.590立方米），而草坪每年的消耗水量一般在650～1000毫米。可以看出，降水量和消耗水量的差值为60～410毫米。在北京市，2004年的城市绿地覆盖率为42%。如果北京市的降水量能够全部被收集，则能够满足全市绿地的消耗水量。城市建筑较多，地形复杂，因此对于雨水的收集和利用应该因地制宜，用好每一滴水。下面就不同条件下的雨水收集和利用给予说明。

1. 屋顶雨水收集利用

通过屋顶的开始汇集的雨水悬浮物质比较多。弃除初期的雨水，后面通过屋顶收集到的雨水水质良好，满足绿地灌溉水质标准。因此对于屋顶收集到的雨水，初期的可直接排放到城市雨水管道中，而对于后期的雨水，经过过滤后，可直接存放到修建好的蓄水池，以供周围绿地的灌溉使用。

2. 小区硬化路面雨水收集利用

通过学校、公园、企事业单位等的硬化路面，以及小区路面、庭院、广场和人行道等初期汇集的雨水，里面悬浮物、油类、有机物、可溶解颗粒等的含量比较高，一般不满足绿地灌溉水质标准。弃除初期的降雨径流量，后面收集到的径流雨水水质一般较好，能够满足城市绿地灌溉水质标准。因此对于初期的降雨径流，可直接排放到城市雨水管网中，后期的降雨径流经过过滤后可收集到修建好的蓄水池中，供周围绿地的灌溉使用。

3. 绿地径流雨水收集利用

城市绿地中的雨水一般氮和磷的含量较高，主要是由于灌溉中添加的肥料和枯萎植物茎叶残留物的分解，但是含量一般都满足城市绿地灌溉水质标准。城市绿地有很好的过滤作用，因此经过绿地收集到的雨水可直接存储于蓄水池中，供以后周围绿地的灌溉使用。

4. 道路雨水的收集利用

城市道路收集的雨水水质受车辆本身、载货情况、道路路面等的影响，雨水中悬浮物、油类、有机物、重金属等浓度高，污染物种类多，尤其发现悬浮物和重金属铅严重超标。因此城市机动车道收集的雨水不能满足城市绿化灌溉水质标准，不能用于城市绿地的灌溉，建议直接排放到雨水管网中，最终在污水处理厂进行水质处理，以满足污水排放标准。

雨水的收集和利用是一个系统工程，如在一个小区内，既有来自于屋顶的雨水，也有小区硬化路面的雨水，还有小区绿化地块的雨水，以及室外停车场等的雨水，这些雨水应该区别对待，分别经过相应的处理措施后，收集到蓄水池中，供以后灌溉使用。

5.5.6　采用合理的节水保墒技术

把灌溉水量或者降雨量保存在土壤中，可以减少湿润地面的蒸发量。通过向植物叶面喷施抗蒸腾剂等，可以降低叶面的耗水量。通过地面覆盖和免耕等方式，也可以减少无效水分的消耗。下面就每种状况下经常使用的材料进行简单描述。

1. 增加土壤保水能力的材料——保水剂

保水剂也称土壤保水剂，是利用强吸水性树脂制成的一种超高吸水性能的高分子化学物质，一般吸水 20 ~60 分钟后，吸水率可达自身重量的 1000 ~3000 倍。地面喷洒保水剂可节约用水 50% ~85%，在土壤中放入保水剂，可明显改善土壤中的水分状况。保水剂的使用方式主要有：种子表面涂层，种子造粒，蘸根和根部涂层，穴施，地面喷洒，以及作为培养基质等。保水剂现在已经广泛应用于草坪和树木等，明显降低了草坪和树木的耗水量。

2. 降低植物叶片耗水量的材料——旱地龙

旱地龙（FA）是我国多家单位协同研制的植物生理抗旱材料，通过降低叶片的蒸腾量，实现对耗水量的调节。对于不同的植物，叶片喷施旱地龙后，可减小耗水量10%～50%。现在旱地龙已成为我国应用最为广泛的化控节水剂，在草坪和绿化灌木上的试验也表明旱地龙对于进行绿化节水具有重要的作用。旱地龙的应用主要有叶面喷施和随水浇灌，绿化树木和草坪可在生长旺盛阶段每隔20天喷洒一次，随水浇灌时每亩可用0.5～1.0千克。

3. 城市绿地的覆盖保墒

在绿地的土壤表面覆盖一层材料，可以减少土壤表层的水分蒸发，同时还能够减少杂草生长，改良土壤，蓄水保墒和减少侵蚀等。现在常用的覆盖保墒材料有：塑料薄膜，牛皮纸，报纸，沙砾石，沙子，木屑，树皮，树叶，草坪修剪叶片，麦秸，干草等，覆盖的厚度一般为3～10厘米。

5.5.7 制定合理的绿地管理制度

草坪和一些灌木的修剪是绿地日常维护中的重要内容。定期修剪草坪不仅可以维持草坪的美观效果，同时也可以降低水分的消耗。修剪高度为5厘米的草坪比修剪高度为15厘米的草坪耗水量减少10%～30%，比不修剪的草坪耗水量减少20%～40%。因此建议草坪的修剪高度为5厘米。对于绿地建设中采用的灌木（如月季等），也应进行定期的修剪，这样蒸发的叶面积减少了，则总的耗水量也相应地减少了。

5.6 城市绿化节水灌溉技术

城市绿化节水灌溉技术是指能够减少水分在输送过程中的损失（包括蒸发损失和渗漏损失），最大可能地将水分均匀地输送到绿化植物根系部分，满足绿化植物水分需求的现代灌溉技术。现在城市绿地常用的节水灌溉技术主要有喷灌、微灌和滴灌。

5.6.1 常用的城市绿化节水灌溉技术

喷灌、微灌和滴灌是城市绿化最常采用的节水灌溉技术。在灌溉系统管理良好的条件下，输水系统几乎没有水分损失，绿地的灌溉均匀度一般可以达80%以上，滴灌的均匀度最高，一般可达90%以上。

1. 喷灌

喷灌又叫喷水灌溉，是把经过水泵加压（或水库自压）水用管道送到灌溉的地方，由喷头（水枪）射到空中，变成雨点洒落到地面。喷灌灌水的均匀度很高，可进行自动化控制。由于喷灌控制的范围一般较大，雨点也较大，因此适用于绿化面积较大的草坪灌溉，如公园、动物园、坡面、高尔夫球场和运动场等绿化地块。但是喷灌需要的能耗较高，工作压力较高（中射程喷头为 30 ~50 米），且受风的影响较大，白天阳光较强时也不适合喷灌，因此一般选择在风速较小的晚上或早晨灌水。

2. 微灌

微灌即微小水量灌溉，类似于喷灌，但是需要的压力小（15 ~25 米），喷头控制的面积也较小（喷洒直径一般小于 8 米）。微灌喷水如同喷雾机喷出的“毛毛雨”，不仅能够灌溉绿地，同时还能够调节空气中的温湿度，提高绿地环境质量。微灌控制的面积一般较小，因此适合于种植面积较小的草坪绿地等，如道路隔离带的绿地，居民小区内的绿地，学校、医院和公园内的小块或者不规则的绿地等。与喷灌相似，微灌受风和阳光的影响也较大，因此建议一般在夜间或者早晨风速较小的时候灌水。

3. 滴灌

滴灌，又称为滴水灌溉，用滴灌带或滴头把水一滴一滴地滴入土壤，形象地说是给植物“打点滴”，滴灌的工作压力很低（一般为 5 ~15 米），因此能耗也较少。滴灌器具一般分为两种，一种是把滴头和管子加工在一起，称为滴灌带或者滴灌管。另外一种是把滴灌管和滴头分别加工，到时根据植物的分布情况再把滴头安装在滴灌管上。滴灌一般设计只湿润植物根部土壤，属于局部灌溉，适宜于条播的草坪和地被，行播且行距较大的植物或者零星种植的植物，如高速公路的绿化隔离带，公园栽植的绿化树等。滴灌不受风和太阳照射的影响，可以在一天的 24 小时内随时灌溉，但是滴灌的水出口很小，如果水中的杂质较多，易引起滴头的堵塞，造成出水量减小，影响灌溉效果。因此用于灌溉的水源应该进行过滤和相应的化学物理处理。

5.6.2　常用的绿化节水灌溉产品

1. 喷灌

绿化喷灌系统中，喷头是灌溉系统最主要的组成部分。园林灌溉常用的喷头大致可分为两类，即折射式喷头（图 5 –4）和旋转式喷头（图 5 –5）。折射式喷头一般射程较小，适合于面积较小或不规则的地块，如小区里面的绿地、高速公路的边坡、护城河的边坡等。旋转式喷头射程较大，适合于灌溉大面积的地块，如公园、植物园、动物园、科研院校等里面的绿地。

图 5 –4　折射式喷头（左）

图 5 –5　旋转式喷头（右）

2. 微灌

城市绿化使用的微灌产品主要有微喷头和涌泉灌水器等。微喷头和喷头类似，也分为折射式和旋转式。微喷头射程更短，喷洒直径一般在1~2米之间，适合于道路中间的绿化带，房前屋后的小面积绿化区，以及不规则的绿化区等。涌泉灌水器又称小管出流，适合于灌溉种植比较分散的绿化乔木。

3. 滴灌

城市绿化使用的滴灌产品主要有滴灌带、滴灌管、管上式滴头和滴箭。滴灌带和滴灌管类似，可以长距离铺设（在地形平坦地区可铺设100米左右），主要用于条形地块、行种植的绿化植物，如月季等。管上式滴头一般安装在没有滴头的毛管上（直径一般为1.6~2.0厘米），适合于行距和株距都比较大的绿化果树或者乔木，也用于盆景的栽培。滴箭一般用于盆景的栽培。

图5-6 微灌

图5-7 滴灌

第 6 章　工业节水

工业用水是城市用水的重要组成部分。目前我国工业增长速度较快，工业生产过程中的用水量也很大。工业生产取用大量的洁净水，排放的工业废水又成为水体污染的主要污染源，增大了城市用水压力，也增加了城市污水处理的负担。在我国，工业用水占整个城市用水的 1/4 左右，因此需不断推行工业节水，减小取水量，降低排放量。

根据对我国各地区节水量和可供水量的研究，《节水型社会建设“十一五”规划》提出，到 2010 年，“通过各类节水工程建设，达到年节水量 352 亿立方米”的目标，其中工业节水工程节水 134 亿立方米，占 38%，如图6－1所示。

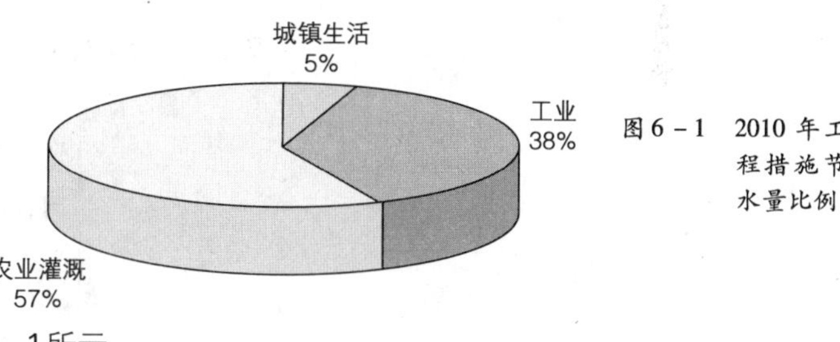

图 6－1　2010 年工程措施节水量比例

6.1　工业用水量计量

工业用水的相关水量可用工业用水量、工业取水量、万元工业产值取水量、单位产品取水量、万元工业增加值取水量等来描述。

6.1.1　工业用水量

工业用水量是指工业企业完成全部生产过程所需要的各种水量的总和，包括主要生产用水量、辅助生产用水量和附属生产用水量，如下所示：

工业用水量 { 主要生产用水量 / 辅助生产用水量 / 附属生产用水量 }

1. 主要生产用水量

主要生产用水量指直接用于工业生产的总水量，包括工艺用水量和间接冷却水用水量，如下所示：

主要生产用水量
- 工艺用水量
  - 产品用水量
  - 洗涤用水量
  - 直接冷却用水量
- 间接冷却水用水量

2. 辅助生产用水量

辅助生产用水量指为主要生产装置服务的辅助生产装置所用的自用水量，如下所示：

辅助生产用水量
- 锅炉自用水量
- 化学水处理站自用水量
- 机修用水量
- 电修工艺用水量
- 空压站用水量
- 鼓风机站用水量
- 氧气站用水量
- 检验化验用水量
- 储运用水量
- 污水处理场用水量
- 其他辅助生产装置用水量

3. 附属生产用水量

附属生产用水量指企业厂区内为生产服务的各种生活用水和杂用水的总用水量，如下所示：

附属生产用水量
- 厂部、车间、工段办公用水量
- 食堂用水量
- 保健站用水量
- 厕所用水量
- 浴室用水量
- 环境绿化用水量
- 环境清洁用水量
- 场内倒班、临时休息室用水量
- 其他杂用水量

从另外一个角度讲，工业用水量也可以定义为工业取水量和重复利用水量之和，简单示意如图6－2。只有在没有重复利用水量时，工业用水量才等于工业取水量。

工业生产的重复利用水量是指工业企业内部，循环利用的水量和直接或经处理后回收再利用的水量，也即各企业所有未经处理或处理后重复使用的水量总和，包括循环用水量、串联用水量和回用水量。应特别注意的是，经处理后回收再利用的水量应指企业通过自建污水处理设施，对达标外排污（废）水进行资源化后，回收利用的水量，所以这部分水量仍属于企业的重复利用水量。重复利用水量如图6－2所示，循环用水系统和串联用水系统分别如图6－3和图6－4所示。

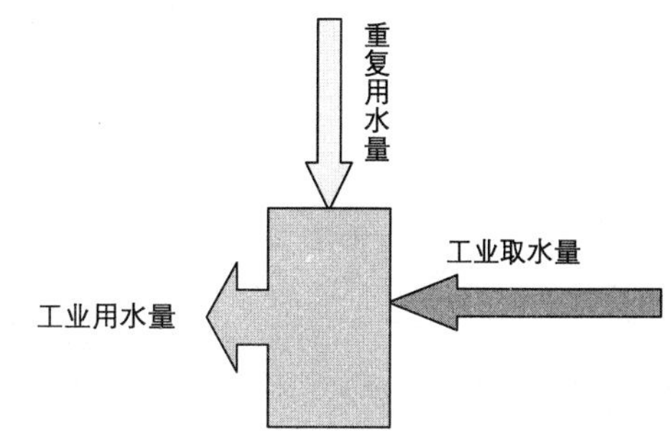

图6－2 工业用水量＝工业取水量＋重复利用水量

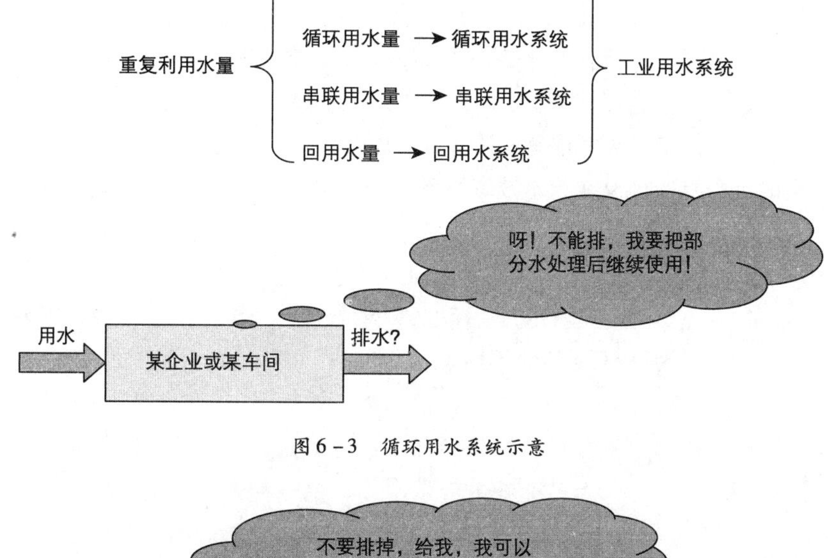

图6－3 循环用水系统示意

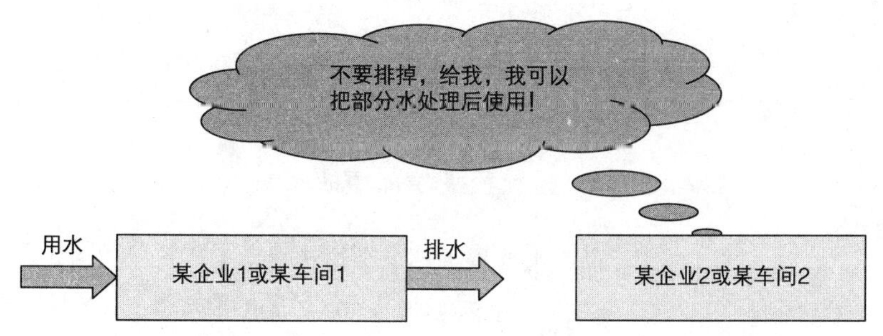

图6－4 串联用水系统示意

6.1.2 工业取水量

工业取水量，即为使工业生产正常进行，保证生产过程对水的需要，实际从各种水源（不包括海水、苦咸水、再生水）提取的水量。取水量的范围包括取自地表水（以净水厂供水计量）、地下水和城镇供水工程的水，以及企业从市场购得的其他水或水的产品（如蒸汽、热水、地热水等），不包括企业自取的海水和苦咸水等，以及企业为外供给市场的水的产品（如蒸汽、热水、地热等）而取得的用水量，是主要生产取水量、辅助生产取水量和附属生产取水量之和，如下所示：

工业取水量 { 主要生产取水量 / 辅助生产取水量 / 附属生产取水量 }

6.1.3 万元工业产值取水量

> 某企业，××年共创造产值1亿元，当年共取水10亿立方米，则其万元产值取水量为10立方米。

万元工业产值取水量，即在一定计量时间（年）内，工业生产中每生产一万元的产品需要的取水量。万元工业产值取水量是一项决定综合经济效果的水量指标，它反映了工业用水的宏观水平，可以纵向评价工业用水水平的变化程度（城市、行业、单位当年与上年或历年的对比），从中可看出节约用水水平的提高或降低，在生产工艺相近的同类工业企业范畴内能反映实际节水效率。但由于万元工业产值取水量受产品结构、产业结构、产品价格、工业产值计算方法等因素的影响很大，所以该指标的横向可比性较差，有时难以真实地反映用水效率，不利于科学地评价合理用水程度。

6.1.4 单位产品取水量

> 单位产品取水量举例：某企业××年生产1吨××产品需要提取20立方米水。

单位产品取水量是企业生产单位产品需要从各种水源（不包括海水、苦咸水、再生水）提取的水量。单位产品取水量是评价一个工业企业乃至一个行业节水水平高低的最准确指标，它比万元工业产值取水量更能全面地反映企业的节水水平，是一种资源类指标而非经济类指标，能够用于同行业企业的横向对比，客观地综合反映企业的技术、生产工艺和管理水平的先进程度。

6.1.5 万元工业增加值取水量

图6－5 北京市工业万元产值取水量变化

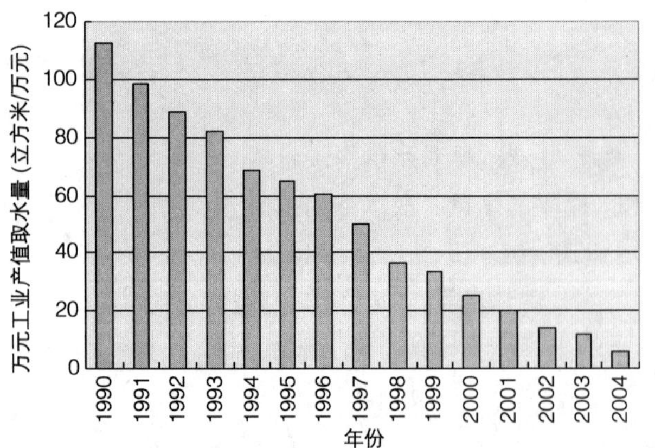

万元工业增加值取水量，即在工业生产中每生产一万元工业增加值需要的取水量。工业增加值已成为考核国民经济各部门生产成果的代表性指标，并作为分析产业结构和计算经济效益指标的重要依据。因此，万元工业增加值取水量可以反映行业用水效率的高低，也能反映出产业结构调整对工业用水和节水的影响。在确定城市应发展什么样的工业，产业结构应如何调整时，万元工业增加值取水量比万元工业产值取水量更有参考价值，更能全面反映水资源投向产品附加值高、技术密集程度高产业的优化配置水平。

“十五”期间，我国万元GDP用水量从562立方米下降到371立方米，万元工业增加值用水量从291立方米降低到169立方米（自《建设节约型社会“十一五”规划》）。以北京市为例，其工业总体万元产值取水量逐年降低，如图6－5所示，万元工业增加值取水量随着工业增加值的上涨而减小，如图6－6所示（2002年起，为规模上工业数据，北京市统计局）。

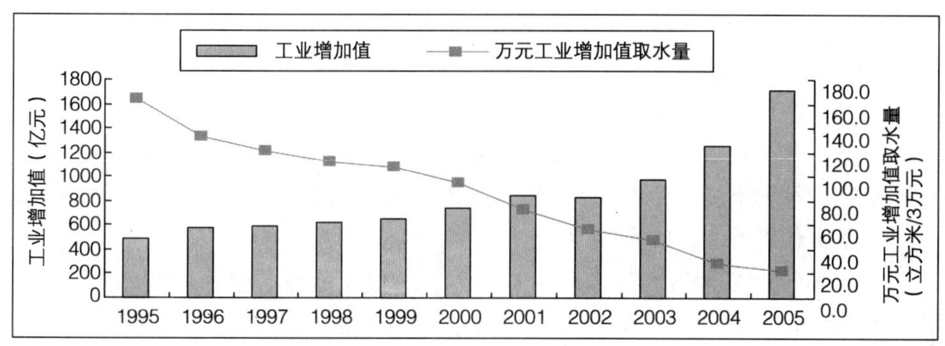

图6－6 北京市工业万元工业增加值取水量变化

6.2 工业节水不可忽视

水，作为21世纪最为紧缺的资源，其需求量将随着社会的发展、经济的进步而呈上升趋势。我国是一个水资源短缺的国家，工业用水占整个城市用水的较大比重，如2005年全国总用水量5633亿立方米，其中工业1285亿立方米，占总用水量的23%。以北京市为例，北京人均水资源占有量仅为248立方米，是世界人均水资源量的1/30，全国人均水资源量的1/8，不仅低于国际人均1000立方米的缺水下限，而且已经低于人均500立方米的严重缺水下限，属于严重缺水的大城市，水资源紧缺已成为制约经济社会可持续发展的瓶颈。2004年，北京市总用水量34.55亿立方米，其中，工业用水7.66亿立方米，占总用水量的22.17%。可见，工业用水在总用水中占有相当大的比重。因而，工业节水、水资源的优化配置和高效利用是各缺水城市乃至全国走出水资源短缺困境的十分重要的途径。

一般而言，当社会经济发展到一定程度，由于科技的进步、国家政策等原因，可以使工业取水量停止增长，甚至转而下降，这将对社会起到非常积极的作用。早在1964年，瑞典就通过了水质法令，强制生产用水的循环再利用，使得工业淡水取水量从1966年开始迅速下降。荷兰的工业用水在20世纪60年代末也进入减少期。大部分发达国家工业用水的减少期出现在20世纪70或80年代，韩国、新加坡等新兴工业化国家及中国台湾、香港地区在20世纪90年代后期也出现了工业用水迅速减少的现象。据统计，1985年以前世界城市和工业用水量大致15年翻一番，此后发达国家工业用水逐渐下降，达到零增长状态，甚至出现负增长的现象。其原因是多方面的。

1. 环保观念和立法保障。即经济发展到一定程度后公众环保意识的增强、环保标准的提高推进了工业用水量的减少。

2. 产业及工业结构调整。调整的重点是加快以信息技术为核心的高新技术的发展，推进产业结构的高级化，为其国内工业用水减少提供了基础条件。

3. 价格杠杆作用，即市场机制的基础作用。表现为较高市场化的供水价格和排污费，直接促进了发达国家工业用水重复利用率的提高，使其工业用水大量减少。工业用水下降的主要途径是用水效率的提高，既包括节水科技的进步使得各部门用水效率提高，也有经济结构调整使耗水量小的产业部门代替耗水量大的产业部门所带来的用水效率提高。

发达国家工业用水减少的情况表明，只要有科学合理的管理方法、适当有效的改进措施，工业节水是可以在发展国家经济的同时为改善水资源紧缺的局面作出巨大贡献的。

国外的工业节水工作已相对成熟，形成了系统、全面的节水体系。如1990年，美国召开了由各州主要供水公司参加的节水会议，成为首次全国性的节水会议和美国节水史上的里程碑，那次会议对有关节水的诸多问题，包括物理的、经济的、政治的、政策的等均进行了研究和讨论，由此节水成为了供水管理的一个可行的和永久性的组成部分。

1980年以来，我国工业快速发展，工业用水量从1980年的457亿立方米增长到2002年的1143亿立方米，年均增长率达4.7%；工业用水量占总用水量的比重从1980年的10.3%上升到2002年的20.8%。1997年以后我国工业用水量及其占总用水量的比重趋于稳定，波动范围很小。工业取水量虽仍呈上升之势，但其年平均增长速度低于城市生活用水量，其值随工业节水水平的提高逐步下降。

例如，上海市加大工业结构及布局的调整力度，工业用水呈现出减少趋势。在20世纪90年代的10年间，上海工业系统共有1000多个企业和生产点从中心城区迁出，为中心城区发展第三产业、减少污染创造了条件。随着工业结构及布局的综合性调整，工业用水大量减少，工业用水水平大幅提高。至2000年，上海的万元工业增加值用水量为75.6立方米（不含电冷），远低于全国平均水平288立方米，仅次于天津71立方米，处于国内先进水平。

又如天津市工业用水水平也逐年提高。随着工业结构的调整，形成了通信设备计算机及电子设备制造业、交通运输设备制造业、黑色金属冶炼及压延加工业和电气机械及器材制造业等多点支撑、共同推动的格局，上述4个行业对工业增长的贡献率较大。随着工业结构布局及结构的调整，大耗水工业在整个工业用水中虽仍占较大比重，如化学工业、冶金工业、电力工业、化纤工业的用水量占工业用水总量的82.57%，但工业用水结构发生了相应的变化，万元产值取水量有所降低，工业用水重复率逐渐提高。

正是采取了有效的节水措施，我国许多城市才能在工业生产的过程中将珍贵的水资源节约下来供给人们生活所用。但是，我国工业节水水平与世界发达国家还有较大差距，且水资源紧缺状况日趋严重，因此工业节水在我国不容忽视。

6.3　工业节水大有潜力

工业节水的水平可以用各种用水量的高低来评价，也可以结合工业用水重复利用率的高低来考察。工业用水重复利用率是在一定的计量时间内，生产过程中使用的重复利用水量与总水量之比。它能够综合地反映工业用水的重复利用程度，是评价工业企业用水水平的重要指标。

如前文所述，我国的万元工业增加值取水量已有较大降低，但2005年全国万元工业增加值用水量169立方米，约为发达国家的5～10倍。按照《节水型社会“十一五”规划》，2010年万元工业增加值用水量的建设目标是低于115立方米，需比2005年降低30%左右，显然，还需要更多的努力。

以北京市为例，其节水工作较有成就，工业用水的重复利用率逐年提高，万元产值取水量逐年降低，如图6－7所示。北京市很多行业的工业用水重复利用率已大于90%，接近发达国家水平，但也有很多行业的重复利用率尚需进一步提高。2004年北京市部分行业的重复利用率如图6－8所示。

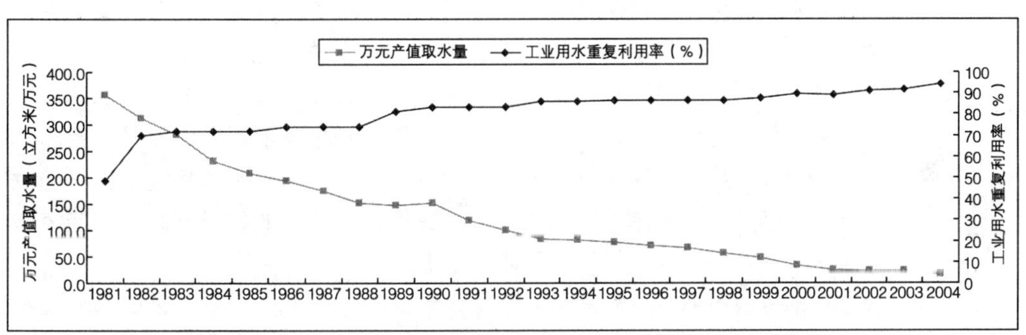

图6－7　北京市工业用水重复利用率及万元产值取水量的变化

我国很多城市的工业用水重复利用率尚较低，工业节水工作还有很多潜力可挖。提高工业用水重复利用率，降低万元产值取水量，可以从多方面采取措施，主要包括进行生产用水的节水技术改造、开发节水型生产工艺及将再生水广泛用于生产工艺等。

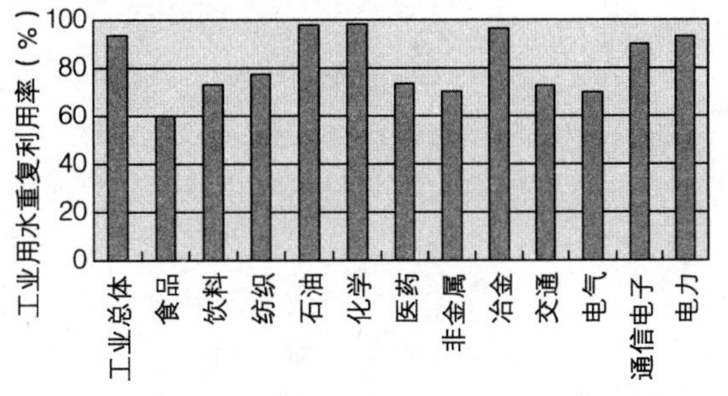

图6－8　北京市部分工业行业的工业用水重复利用率

6.3.1　节水技术改造

节水技术改造主要包括冷却水的回

收利用和冷凝水的回收利用等。

1. 冷却水的回收利用

许多工业生产中都直接或间接地将水作为冷却介质，因为水具有使用方便、热容量大、便于管道输送且化学稳定性好等特点。工业冷却水中的大部分是间接冷却水，间接冷却水在生产过程中作为热量的载体，不与被冷却的物料直接接触，使用后一般除水温升高外，较少受污染，不需较复杂的净化处理或者无需处理，经冷却降温后即可重新使用。因此，实行冷却水尤其是间接冷却水的循环利用、提高冷却水的循环利用率应成为工业节水的一个重点。

进行循环冷却水技术改造，也应包括空调机组和制冷机组的改造，通过技术改造降低循环用水量，以达到节约用水的目的。

2. 冷凝水的回收利用

高温蒸汽冷凝水是指锅炉产生的高温蒸汽在经用汽部位后以及在输汽管道途中部分蒸汽凝结成的水，这部分水的水质较好，符合锅炉用软化水的水质标准，可重新注入锅炉使用，将节省大量的软化水，同时这部分水水温较高，在80~100℃之间，及时地将其重复利用，能节省大量的煤、电、气等能源，具有较高的经济效益。

热力供应行业的高温蒸汽冷凝水在未回收前，往往是排入地沟，造成大量软化水的浪费，即使是开放性回收，也有大量蒸汽泄漏，设备房间内常常雾气腾腾，这不仅浪费了大量的水和能源，还影响其他设备的使用寿命，而且回收水的水质也易受到污染。如果采取措施将高温蒸汽冷凝水加以密闭回收，将大量节约软化水，节省煤、电等能源。因此技术改造中多采用密闭式冷凝水回收系统，实现高效、高温、密闭回收蒸汽冷凝水的目的。由于回收冷凝水其经济价值较高，所以在一次性投资之后，一般在近期内就可回收全部投资，有着明显的经济效益和社会效益。

除部分城市的工业冷却水、冷凝水可以利用天然河、湖、水库水面做自然冷却池而采用直流式用水系统外，我国大多城市水资源紧缺，不适合采用直流式用水系统，很多行业如火力发电、饮料制造等行业，冷却水、蒸汽冷凝水用量较大，均需通过节水技术改造，实现企业取水量的降低。

如啤酒生产企业，若糖化车间生产用蒸汽和啤酒车间杀菌机循环水箱系统所用蒸汽无回收，必然造成冷凝水直排地沟，浪费严重。若将蒸汽冷凝水回收，将糖化车间用蒸汽后产生的冷凝水及啤酒车间杀菌机加温用蒸汽产生的冷凝水回收、输送到软水池，作为啤酒车间杀菌机软化水补充，可为企业直接创造经济效益。若通过安装输水管路，将冷凝水输送到锅炉采暖系统，用于冬季采暖软水的补充，加大冬季的节水，也能为企业创造直接的经济效益。

6.3.2 节水型生产工艺

随着企业节水技术改造的不断深入，要实现工业取水量的进一步降低，就必须进行工艺节水，即开发节水型生产工艺，这是比节水技术改造高一个层次的工业节水。工业企业可根据行业特征、用水特点，开发、研制不同的节水型生产工艺，如钢厂、电厂的干法除尘技术、钢厂的干法熄焦技术、味精生产中的一步冷冻法提取谷氨酸、罐头生产中的节水罐装技术和高逆流螺旋式冷却工艺等，可以实现用水点减少或用水量减少，达到节水的目的。

如燃煤电厂，煤粉燃烧后会产生大量的灰和渣，灰渣的处理对燃煤电厂来说是必须解决的问题，有的电厂除灰系统采用水膜除尘和多管除尘两极除尘系统，除尘效率不高，易造成空气污染，且耗水量大，外排的灰泥易造成河道堵塞。有的电厂将锅炉除尘器更换为电除尘器，可大大提高除尘效率，减少灰尘对空气的污染。但干灰若全部水冲排走，冲灰用水量仍很大，若将电除尘器加装干除灰输送设备，建成混凝土灰库及其配套的干灰输送、处理设备，可减少环境污染，大大节约用水量，还可将长期作为废物排到河水中的炉灰加以利用，如可根据具体情况作为加气混凝土厂的生产原料，为企业创造更多的经济效益。

如北京某企业，集产品科研开发、制试及生产于一体，主要产品为高端金属功能材料，2005 年实施北京市重点节水项目“热加工车间加热炉冷却水改造及热轧工艺用水重复利用”，包括在地下水冷却冶炼炉将冷却水循环重复利用、加热炉冷却水系统由水冷却炉门改为耐火材料炉门及将热轧机工艺用水、冷却用水实行回收并重复利用，年节水达到 6.8 万立方米。该项目于 2005 年 9 月整体实施完成，10 月正式投入运行使用，使得生产用水量、万元产值取水量、吨产量取水量均有大幅度下降，如表 6－1 所示。

节水项目建成前后用水指标对比 **表 6－1**

用水指标	2004 年 10 月～2005 年 2 月	2005 年 10 月～2006 年 2 月
生产用水量（立方米）	80891	38520
万元产值取水量（立方米/万元）	8.24	3.90
吨产量取水量（立方米/吨）	103.32	54.03

6.3.3 再生水在工业生产中的使用

城市工业取水水源主要有自来水、地下水和地表水，近年来以再生水为主的其他水源被列入取水水源范围。由于工业产业结构的调整和用（节）水水平的提高，以及以城市再生水厂为代表的城市污水资源化工程在各地的推广，城市工业的地表水和地下水取水量逐年下降，城市工业取水量中其他水源的取用比例逐渐提高，即再生水被越来越多地作为工业用水。

再生水工业回用的主要对象是冷却用水和工艺的低质用水（洗涤、冲灰、除尘等），市政污水再生回用于工业，对使用大量冷却水的电力和冶金企业影响更大，再生水取代常规水源作为冷却水源的比例将越来越大。如北京市统

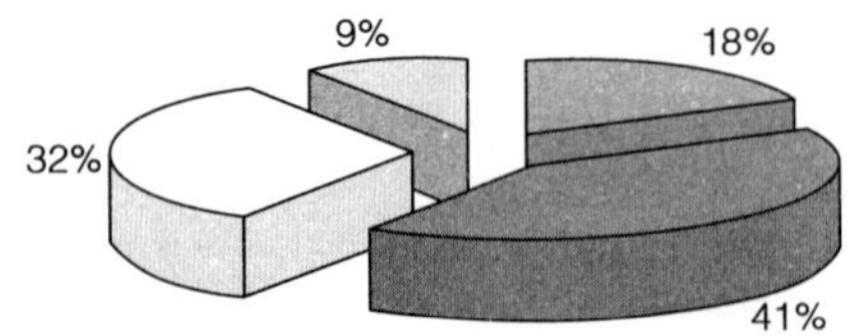

图6－9 2005年北京市规模上工业取水水源构成

计局数据显示，2005年北京市规模上工业取用以再生水为主的非常规水源的比例已提高到9%，如图6－9所示。北京市电力行业的地表水（河水）用量，在2003年以前，一直在90%左右，随着行业节水力度的加大，尤其是再生水用作循环冷却水工程的推进，2005年的地表水使用比例已下降到60%左右。

6.4 开发工业替代水源实例

以再生水为主的工业替代水源的开发，成为缓解我国水资源紧缺现状的一个重要途径。《中华人民共和国水法》第二十四条第一款规定，“在水资源短缺的地区，国家鼓励对雨水和微咸水的收集、开发、利用和对海水的利用、淡化”。因此，主要生产用水、辅助生产用水、附属生产用水等在企业内以及企业间的充分使用、海水在工业中的利用等均已成为很多企业节水的重要措施。

6.4.1 工业废水的处理回用

工业废水的处理回用是重要的节水途径之一，可涉及冷却、除灰、循环水、热力等系统。冷却水系统主要根据系统对水质要求的不同而采取循环、循序、梯级使用，热力系统主要是蒸汽回收利用，其他系统的排水经处理后主要用于水力除灰渣、生产生活杂用水进一步处理后作为冷却系统的补水。

目前，大多数企业都有污水处理厂，但仅限于将生产废水和生活污水处理达标后直接排放，只有少数企业能做到废水处理回用，但回用率不高，造成了水资源的严重浪费。因此，将工业企业的污、废水处理回用，特别是回用于生产过程，是大有潜力可挖的。

在企业生产运行中，根据各工序生产对水质的要求不同，可以最大限度地实现水的串联使用，使各工序各取所需，做到水的梯级使用，从而减少取水量，实现污水排放量的最小化；也可以针对污、废水的不同性质采取不同的水处理方法，回用于不同的生产步骤，从而减少新鲜水的取水量、降低污水的排放量。

废水处理回用蕴含的节水潜力很大。交通运输设备制造业，可将含油废水、电泳废水、切削液废水以及清洗液废水等处理，回用于绿化、生活杂用以及生产。石油化工行业在有机生产过程中，可考虑将蒸汽冷凝水回收利用，作为循环系统的补水；将生产用井水回收利用，作为循环系统补水；也可增加回用水深加工装置，将处理后的水作为循环系统的补水；有些冷却器和特殊部位需要工艺水冷却，也可考虑采用回用水。纺织印染行业是用水量较大的工业行业，可以采用生产过程中不同生产工序排放的废水通过处理后再回用于本工序，也可将全部废水集中处理后，全部回用或部分回用。啤酒行业可以安装冷凝水回收装置，有效降低锅炉补水；罐装车间的洗瓶水可以回收用于洗瓶机的碱Ⅰ、碱Ⅱ用水及杀菌机用水和设备、厂房卫生等；生产用水经过处理并加以沉淀，由加压泵送至各用水点，可以用于锅炉麻石除尘脱硫、冲渣、冲厕、绿化及糟场冲糟、洗车、建设工地用水等；浸麦废水可以处理回用于锅炉除尘脱硫等。

以门罗澳大利亚有限公司（Monroe Australia Pty Ltd.）为例，其以减少废水产生和节水为目的进行的清洁生产活动，实施废物最小化战略，建立了微离废水处理厂、反渗透纯水生产单元以及水循环泵和相应管道等，通过减少自来水取用和废水排放，每年节约开支25万美元。

6.4.2　工业原料的回收利用

在许多工业生产中，用过的工业原料可以在废水中加以提炼回收利用，特别是一些贵重的工业原料，如铜、铬、镍等贵重金属，原料本身有较高的回收利用价值，同时在原料回收后可大大减轻废水排放对环境的影响。

以电镀含铬废水为例，每升水中含六价铬近200毫克，可建设处理回收系统，使原料铬得以回收，同时水也得到循环利用，收到工业原料和工业用水双重节约的效果，图6－10为电镀含铬废水的一种处理回用流程。在处理过程中，电镀含铬废水首先经过格栅去除较大颗粒的悬浮物后自流至调节池，均衡水量水质，然后由泵提升至电解槽电解，在电解过程中阳极铁板溶解成亚铁离子，在酸性条件下亚铁离子将六价铬离子还原成三价铬离子，同时由于阴极板上析出氢气，使废水pH值逐步上升，最后呈中性。此时三价铬离子和三价铁离子都以氢氧化物形式沉淀析出，电解后的出水首先经过初沉池，然后连续通过两级沉淀过滤池（自上而下）。一级过滤池内装有木炭、焦炭、炉渣等填料，二级过滤池内装有无烟煤、石英砂等填料。污水中沉淀物由过滤池填料过滤、吸附，出水流入排水检查井，后经过水泵提升进入循环水池作为冷却用水。在此过程中水得到了回收再利用。该处理工艺对电镀含铬废水治理彻底，并能回收部分铬酸，过滤池内填料定期统一处理，不会引起二次污染，处理后水全部回用，可节省水资源和工业原料，具有明显的经济效益。

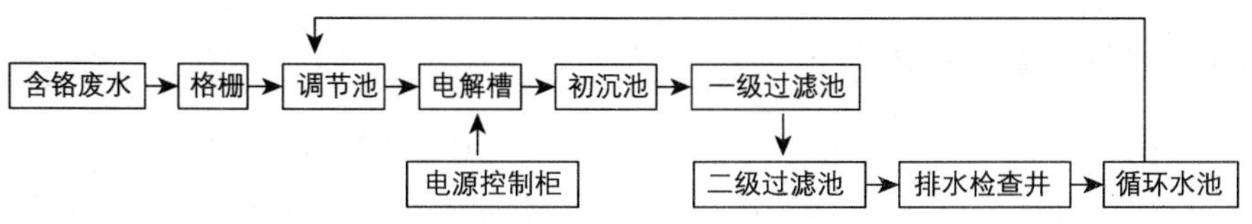

图6－10　电镀含铬废水处理工艺流程示意

6.4.3　海水在工业生产中的应用

对海水的有效应用是工业节水的有效措施之一，海水的应用技术包括从海水中提取淡水和利用海水代替淡水等，即通常所讲的海水淡化和海水直接利用。

海水应用1——海水淡化

海水淡化是指从海水中获取淡水的技术和过程。海水淡化以多级闪蒸和反渗透为主，另外有低温多效和压汽蒸馏等方法。多级闪蒸是将热海水突然减压，从而产生蒸汽并由此得到淡水。反渗透就是在一定压力下，将海水压入反渗透膜，反渗透膜只允许海水中的水分子透过，而将绝大多数盐分子截住，从而使水得到淡化。海水淡化技术对沿海地区经济的发展起着重要的作用。

海水应用2——直接利用

海水直接利用是用海水代替淡水的技术和过程。在海水的直接利用上，最主要的是海水冷却。海水冷却包括海水直流冷却和海水循环冷却。直流冷却是指原海水经换热设备进行一次性冷却后就排放的过程；循环冷却是指原海水经换热设备完成一次冷却、再经冷却塔冷却后，循环使用的过程。目前，用海水作为工业冷却水在国内外都有应用，并且以直流冷却为主。我国使用海水直流冷却技术已有一定的历史，但在规模上始终没有大的突破，年冷却用海水量与发达国家相比，尚有很大差距。许多沿海城市都有缺水问题，尤其是我国东部沿海地区，水资源短缺问题比较严重，如果将海水直接利用技术，用于沿海城市的电力、冶金、石油、化工等行业以及城市生活用水，仅按替代工业和生活用水总量的30%计算，就可节约沿海城市20%的淡水资源。

身边就是海水，何不用之？

除上述应用之外，海水还可利用在很多其他方面，如海水冲厕、除尘消烟、冲灰冲渣，以及在消防、灌溉、洗涤、印染、化盐和软化等方面。推广海水利用技术，是缓解沿海地区淡水资源紧缺、促进工业节水乃至城市节水的有效措施之一，在一定程度上可以改善沿海地区居民的生活质量，具有显著的社会效益、经济效益和环境效益。

6.5 工业用水的科学管理

6.5.1 工业取水定额

定额

定额就是规定的数额，也是一种形式的数量标准。工业企业产品取水定额是用水定额（是一个统称）的一种，以生产工业产品的单位产量为核算单元的合理取水的标准取水量。也就是工业产品生产过程中的用水多寡的一种数量标准，是指在一定的生产技术和管理条件下，工业企业生产单位产品或创造单位产值所规定的合理用水的标准取水量。

从定额本身的用途可划分为：规划定额、设计定额和管理定额。规划定额是指为了满足工业用水规划的需要制定的工业用水定额。规划定额主要是为了某项规划服务，作为某项规划的依据。设计定额是指为了满足工业项目用水设计的需要制定的工业用水定额。设计定额是为具体工业项目的初步设计服务的，应服从具体项目的要求，既要保证项目建设运行后的高峰用水量，又要节省项目投资及生产用水，其目的是控制设计能力，而不是控制实际的取用水量。管理定额是指为了满足工业取用水日常管理的需要制定的定额，管理定额的考核对象不是用水设施的能力，而是工业企业实际的取水、用水和节水，其指标应严于设计定额指标。管理定额适用于工业企业在产品生产过程中的取水日常管理。

参考阅读：取水定额

水资源有限，供水管理部门会给各工业行业设定取水指标，其依据就是取水定额。

定额的作用

加强定额管理，目的在于将政府对企业节水的监督管理工作重点从对企业生产过程的用水管理转移到取水这一源头的管理上来，即通过取水定额的宏观管理，来推动企业生产这一微观过程中的合理用水，最终实现全社会水资源的统一管理，可持续使用。

工业取水定额是依据相应标准规范制定过程而制定的，以促进工业节水和技术进步为原则，考虑定额指标的可操作性并使企业能够因地制宜，达到持续改进的节水效果。如按照国家标准，造纸产品中，1998 年 1 月 1 日起建成（新建、扩建、改建）投产的企业或生产线，其取水定额执行 A 级定额指标，如每吨“印刷书写纸”为 35 立方米，这样就限定了企业的取水指标，为新、改、扩建企业的合理用水确定了目标。

6.5.2　清洁生产

清洁生产又称废物最小化、无废工艺、污染预防等。在不同国家不同经济发展阶段，有着不同的名称，但其内涵基本一致，即指在产品生产过程通过采用预防污染的策略来减少污染物的产生。1996 年，联合国环境规划署这样定义：清洁生产是一种新的创造性的思想，该思想将整体预防的环境战略持续应用于生产过程、产品和服务中，以增加生态效益和减少人类及环境的风险。这体现了人们思想观念的转变，是环境保护战略由被动反应到主动行动的转变。

1. 清洁生产促进工业节水

清洁生产是一个完整的方法，需要生产工艺各个层面的协调合作，从而保证以经济可行和环境友好的方式进行生产。清洁生产虽然并不是单纯为节水而进行的工艺改革，但节水是这一改革中必须要抓好的重要项目之一。为了提高环境效益，清洁生产可以通过产品设计、原材料选择、工艺改革、设备革新、生产过程产物内部循环利用等环境的科学化、合理化，大幅度地降低单位产品取水量和提高工业用水重复利用率，并可减少用水设备，节省工程投资和运行费用与能源，以提高经济效益，而且其节水水平的提高与高新技术的发展是一致的，可见清洁生产与工业节水在水的利用角度上目的是一致的，可谓异曲同工。

2. 清洁生产促进排水量的减少

由于节水与减污之间的密切联系，取水量的减少就意味着排污量的减少，这正是推行清洁生产的目的。清洁生产包含了废物最小化的概念，废物最小化强调的是循环和再利用，实行非污染工艺和有效的出流处理，在节水的同时，达到节能和减少废物的产生，因此节水与节能减排是工业共生关系，而且，清洁生产要求对生产过程采取整体预防性环境战略，强调革新生产工艺，恰符合工艺节水的要求。

推行清洁生产是社会经济实行可持续发展的必由之路，其实现的工业节水效果与工业节水工作追求的目标是一致的。因此，推进工业节水工作的同时应关注各行业的清洁生产进程，引导工业企业主动地在推行清洁生产的革新中节水，从而使工业节水融入不同行业的清洁生产过程中。

附录　节水耐旱植物

◆ 乔木类

银杏

无花瓣，花期减少耗水；种植地每年需灌溉 2 ~3 次，不耐积水；深根性。抗旱性中等。

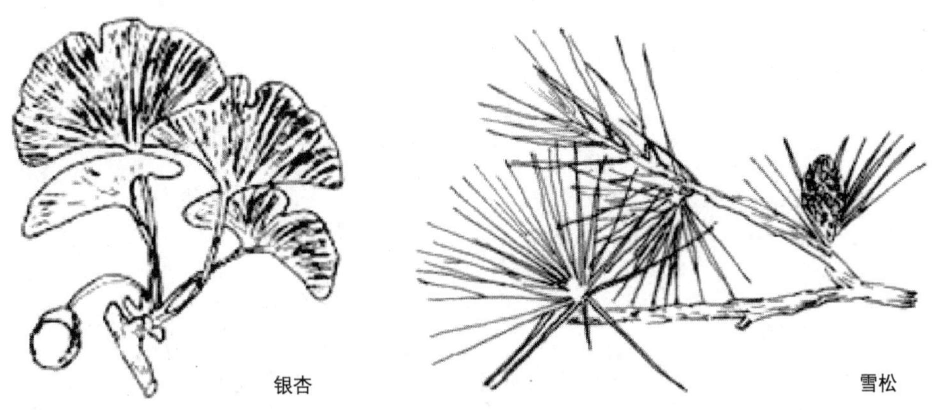
银杏　　雪松

雪松

叶小，针形；花期晚，10 月开花，且无花瓣。耐旱力强，年降雨量600 ~1200 毫米左右最好，但忌积水；耐瘠薄。抗旱性较强。

油松

叶针形，无花瓣；根系深，在年降水量 300 毫米处能正常生长，但在 700 毫米左右生长最佳。抗旱性较强。

白皮松

叶针形，无花瓣，较油松耐干旱。抗旱性较强。

侧柏

叶全为不扎手鳞形叶，较小且厚，无花瓣；抗盐碱性强，不择土壤，年降雨量 300 毫米的地区生长良好。抗旱性强。

圆柏

又名桧柏。具刺形叶和鳞形叶，无花瓣；耐寒、耐热，极耐干旱瘠薄，全国各地广为栽植。抗旱性强。

加拿大杨

龙柏

全为鳞形叶，无花瓣；抗旱性较圆柏差。抗旱性较强。

毛白杨

叶背有柔毛，后脱落，无花瓣，可减少水分消耗；年降雨量500 ~800 毫米生长良好。抗旱性较强。

银白杨

幼枝叶及芽密被白色绒毛；轻度耐干旱，能在沙荒及盐碱地上生长，抗旱性次于毛白杨。抗旱性中等。

新疆杨

耐干旱，耐盐渍，深根性；年降雨量1000 毫米左右的地带生长良好。抗旱性中等。

加拿大杨（加杨）

对水涝、盐碱和瘠薄均有一定的抗性，在水肥良好处生长迅速。抗旱性中等。

旱柳

葇荑花序，无花瓣；喜水湿，也耐干旱，不择土壤；年降雨量300 毫米地区生长良好。抗旱性强。

馒头柳

旱柳变种，分枝密，端梢齐整，形成半圆形树冠，状如馒头，其他特点同旱柳。抗旱性强。

垂柳

特耐水湿，也能生于土层深厚之高燥地区。抗旱性较强。

胡桃

又名核桃。无花瓣；年降雨量400 ~1200 毫米的气候条件下能正常生长，但以700 毫米以上生长良好，否则影响结果和长势。抗旱性中等。

栓皮栎

树皮木栓层特厚；叶背密被灰白色星状毛；无花瓣，耗水少。多分布于山上阳坡，极耐干旱，不耐积水。年降雨量350 ~400 毫米处即可生长，是城

栓皮栎

槲树

槲栎

镇及荒山造林的优良树种。抗旱性强。

槲树

叶柄短，无花瓣；深根性，极耐干旱，是园林绿化和荒山造林树种。抗旱性强。

槲栎

叶背灰绿色，有星状毛，叶柄较槲树长；无花瓣；极耐干旱瘠薄，是园林绿化和荒山造林树种。抗旱性强。

辽东栎

无花瓣；抗旱性特强，年降雨量 300 毫米处生长良好，北京周边山区较多。抗旱性强。

小叶朴

深根性，年降雨量 400 毫米处能正常生长，北京每年浇水1 ~2次可保证生长良好。抗旱性较强。

榆树

又叫家榆、白榆。乡土树种，耐性和抗性强，种子随地生根发芽，降雨量 200 毫米处即可生长。抗旱性强。

青檀

常生于石灰岩的低山或河流溪谷两岸。抗旱性较强。

桑树

叶有光泽，无花瓣；适应性强，深根性，降水量 500 毫米处每年需浇水1 ~2 次。抗旱性较强。

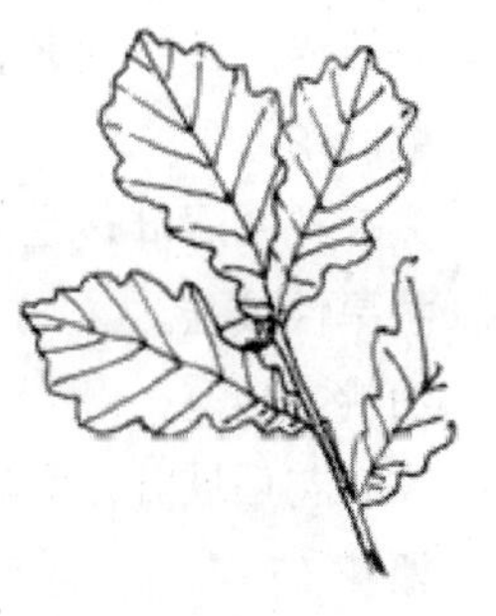

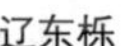

辽东栎

小叶朴

构树

小枝密被丝状刚毛；叶两面密生柔毛；无花瓣，种子和根系随处繁殖；极耐干旱，也耐水湿，除新植树外均不需浇水。抗旱性强。

柘树

多生于山野路边或石缝中。是水土保持和荒山造林首选树种。抗旱性强。

玉兰

花大且多，花期干旱时需浇水；有多次开花的特点，需充足水分才利于花蕾形成。根肉质，不耐积水；生长期喜湿润而排水良好的土壤，水分不足影响翌年花量。抗旱性弱。

鹅掌楸

又名马褂木。花黄绿色，花朵形状如郁金香，花大、叶大；喜湿润环境，在干

玉兰

鹅掌楸

旱地生长不良，单位叶面积年蒸腾量大于300公斤。抗旱性弱。

杜仲

无花瓣，花期耗水少。喜湿润、深厚而排水良好之土壤，年降雨量1000毫米左右生长良好。抗旱性中等。

悬铃木

叶大而薄，单位叶面积年蒸腾量大；对城市环境适应性强，耐湿能力强。抗旱性中等。

山楂

根系发达，萌蘖性强，耐干燥贫瘠土壤，年降雨量600~700毫米生长良好。抗旱性较强。

西府海棠

耐干旱，忌水湿，北方干燥地区生长良好；花期或果期缺水需补充。抗旱性较强。

美国海棠类

品种较多，如钻石海棠、宝石海棠、高原之火、路易莎等近30个品种。花果均具观赏价值，部分品种果实可食用，花果期视天气情况需适当补水。抗旱性较强。

杜梨

极耐干旱、瘠薄及碱土，适宜在干旱盐碱地种植，年降雨量400毫米左右生长良好。抗旱性强。

紫叶李

先开花后展叶，生长季叶色紫红，观叶、观花景观树；喜生于稍湿润环境。抗旱性较强。

山桃

先开花后展叶，耐旱，多生于向阳的石灰岩山地上，根系深。抗旱性强。

樱花

变种和品种多；花色丰富，花量多，花期需浇水1~2次；根系分布浅，不利于从深层土壤中吸收水分。抗旱性弱。

合欢

树皮忌强光暴晒；对土壤要求不严，不耐水涝，草坪内种植需铺设隔水层；年降雨量500毫米左右生长良好。抗旱性强。

皂荚

石灰质及盐碱土甚至黏土上都能正常生长，根系较深；年降雨量500毫米左右能正常生长，700毫米左右生长良好。抗旱性较强。

刺槐

浅根性，不择土壤，极耐干旱瘠薄，荒山造林树或工矿区绿化种；有试验数据显示其耗水量为396.3毫米，在年降雨量500~900毫米地带生长最好。抗旱性强。

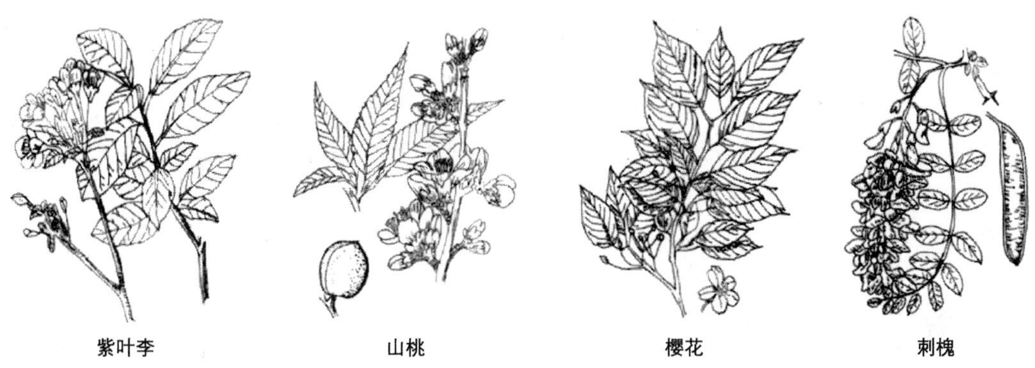

紫叶李　　山桃　　樱花　　刺槐

金叶刺槐

刺槐变种。叶色生长季金黄色，其他习性和同刺槐。抗旱性强。

国槐

北京市树，全国广为栽植；不择土壤，耐性和抗性均较强，年降雨量 600 ~700 毫米生长良好。抗旱性较强。

金枝国槐

国槐变种。枝条金黄色，尤以春季和冬季较为明显，其他形态特点、习性和用途同国槐。抗旱性较强。

金叶国槐

国槐变种。叶色金黄色，其他形态特点、习性和用途同国槐。抗旱性较强。

龙爪槐

国槐变种。粗枝扭转弯曲，小枝下垂；习性同国槐。抗旱性较强。

臭椿

很耐干旱瘠薄，单位叶面积蒸腾量小，根系分布深。抗旱性强。

千头椿

臭椿变种。分枝多，树冠伞形，叶背基部有 2 ~3 个臭腺点，但无臭味发出，其他习性同臭椿。抗旱性强。

香椿

耐轻度盐碱，喜湿润、深厚之环境；深根性。抗旱性较强。

火炬树

枝条、叶片、叶轴和花序均密生灰绿色柔毛；适应性强，耐盐碱，根系萌蘖性强，种子随处可发芽生长；是盐碱、瘠薄地的优良树种，栽植地不需浇水即可保证其生长、繁衍。抗旱性强。

黄栌

原产于向阳山林中，北京郊边分布较广，极耐干旱瘠薄和碱性土壤；根系发达，萌蘖性强，利于从地下吸收水分；年耗水量 400. 4 毫米。抗旱性强。

紫叶黄栌

叶生长季紫红色，常年异色叶树种。极耐干旱瘠薄和碱性土壤；根系发

黄栌

达，萌蘖性强，利于从地下吸收水分；年耗水量568.7毫米。抗旱性强。

金叶黄栌

叶生长季金黄色，常年异色叶树种。极耐干旱瘠薄和碱性土壤；根系发达，萌蘖性强，利于从地下吸收水分；年耗水量529.1毫米。抗旱性强。

丝棉木

又名白杜、明开夜合、桃叶卫矛。根系深而发达；耐干旱，也耐水湿；湿润土壤中生长最好。抗旱性较强。

元宝枫

又名平基槭。耐半荫，温凉、湿润之环境生长良好；根系分布深，有一定的耐旱力。抗旱性较强。

鸡爪槭

耐半荫，忌阳光直射，北京需小气候下种植；温暖湿润及排水良好之土壤中生长良好，正常降雨下需浇水2~3次。抗旱性中等。

栾树

又名灯笼树。耐干旱、瘠薄土壤，深根性，萌蘖性强；花期需适量补水。抗旱性较强。

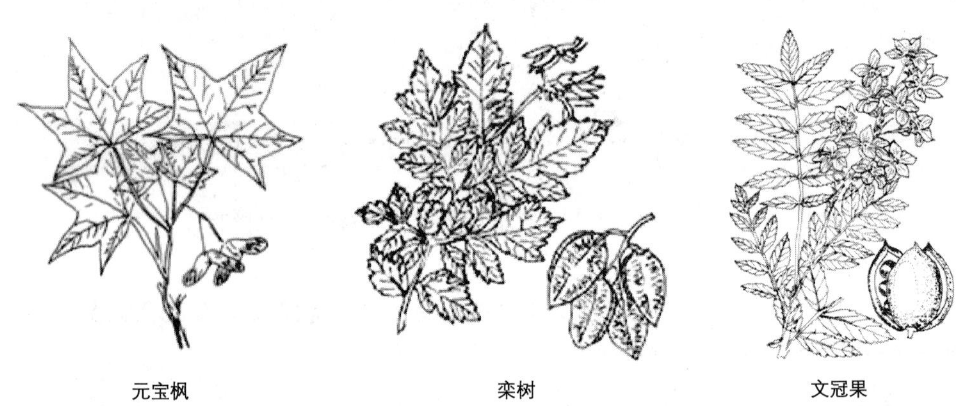
元宝枫　栾树　文冠果

文冠果

花叶同放，此期遇干旱需浇水1次，后期仍需浇水1~2次。抗旱性中等。

枣树

叶有光泽，托叶变态为刺，减少蒸腾耗水；根系发达，深而广；早期发芽前或果实生长期浇水1次即可。被称为“铁杆庄稼”，是园林结合生产的绿化树种。抗旱性较强。

鼠李

多生于山坡，耐瘠薄能力强，年降雨量500毫米左右生长良好。抗旱性强。

梧桐

又名青桐。叶片大，喜湿润而排水良好环境，不耐草荒和积水；生长期需水分供应适量，过多积水烂根，过少枝条干枯。抗旱性弱。

柽柳

又名三春柳、西湖柳、观音柳。叶片较小，纤细如针，单位叶面积蒸腾量少；抗风，耐盐碱；深根性，根系发达，年降雨量200毫米的沙漠地带正常生长，是荒漠和盐碱地绿化的好材料。抗旱性强。

沙枣

叶两面均有银白色绒毛；耐干旱和盐碱，能在荒漠、半沙漠和草原上生长。抗旱性强。

柿树

叶大，革质有光泽，阻止叶面蒸腾；深根性，生长期的年降雨量应在500毫米以上，盛夏时久旱不雨容易引起落果，应视天气酌情补水。抗旱性较强。

君迁子

又名黑枣。叶片和果实均小；耐寒和耐旱性强于柿树，雄株的抗旱性更强；根系发达，北京常野生于山坡、路旁、山谷，或栽培。抗旱性强。

白蜡

花无瓣，先花后叶，冠大荫浓；喜湿耐涝，有一定耐干旱能力。抗旱性中等。

洋白蜡

稍耐旱，对城市环境适应性强。抗旱性中等。

绒毛白蜡

极耐高温和水涝，天津市树，耐盐碱，不择土壤。抗旱性中等。

暴马丁香

耐粗放管理，不择土壤；八达岭有天然暴马丁香林，且生长良好。抗旱性较强。

白蜡

暴马丁香

流苏

流苏

抗旱，适应性强，花前需适当补水。抗旱性较强。

毛泡桐

叶大荫浓，生长迅速；根系肉质，怕积水，稍耐干旱。抗旱性中等。

◆ 灌木类

砂地柏

具刺形叶和鳞形叶，叶小；无花瓣；岩石、山坡、砂地均可正常生长。抗旱性强。

铺地柏

叶全为刺形叶，叶小；无花瓣；岩石、山坡、砂地均可正常生长。抗旱性强。

牡丹

品种繁多，花色丰富；花朵大，萌芽现蕾期需补充水分；喜侧方遮荫，根肉质，不耐积水；多数品种喜生于深厚肥沃、略带湿润的沙质壤中。抗旱性弱。

紫叶小檗

叶小，紫红色；花小；耐修剪，萌芽力强，正常降雨可满足生长需要。抗旱性强。

大花溲疏

耐旱，对土壤要求不严，多生于丘陵或低山山坡上。抗旱性强。

三桠绣线菊

北京郊区山上野生较多，岩石地表现良好，自然条件下花繁叶密。抗旱性强。

风箱果

耐旱，对土壤要求不严，自然界常丛生于山沟及树林边缘；花白果红，为提高观赏性，花期或果期干旱时可浇水 1 ~2 次。抗旱性较强。

金叶风箱果

叶生长季金黄色，尤以春季明显，其他特征、习性和用途同风箱果。抗旱性较强。

珍珠梅

耐荫，耐修剪，对土壤要求不严；花期盛夏，蕾期、花期过于干旱浇水2 ~3 次，可达到延长花期的目的，使全部花期长达 131 天（北京）。抗旱性中等。

平枝栒子

叶小，稍厚，背面平贴细毛；根系发达，耐修剪，抗性强，可在石灰质土壤中生长。抗旱性强。

水栒子

枝条被蜡质；性强健，极耐干旱和瘠薄，耐修剪。抗旱性强。

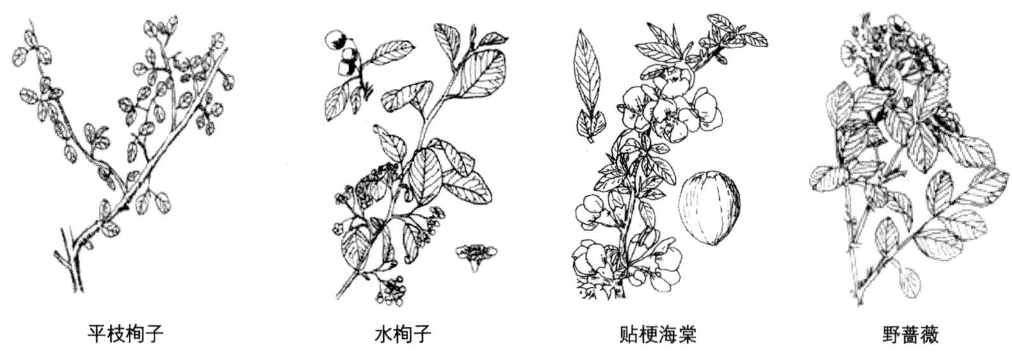
平枝栒子　水栒子　贴梗海棠　野蔷薇

贴梗海棠

花繁果实大，花期和果期需要充足水分；对土壤要求不严，以排水良好的肥沃土壤生长良好。抗旱性中等。

野蔷薇

在黏重土壤上也可正常生长，自然降雨下郊区山野生长良好。抗旱性强。

月季

品种繁多，花色丰富，红、白、黄色均有，人工培育的还有蓝色和绿色；对环境适应性强；叶两面有光泽；花期长，4 ~10 月，中间需浇水 1 ~2 次。抗旱性较强。

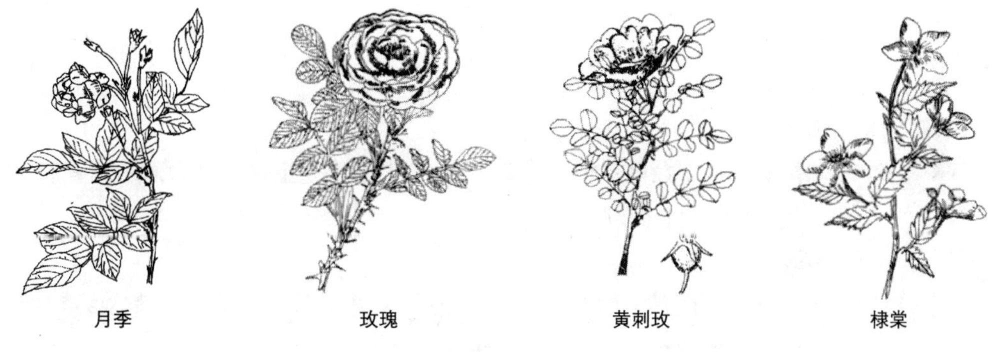
月季　玫瑰　黄刺玫　棣棠

玫瑰

生长健壮，适应性强，在微碱土上也能生长；不耐积水。抗旱性较强。

黄刺玫

性强健，耐旱，耐瘠薄，少病虫害；400 毫米左右降雨生长良好。抗旱性强。

棣棠

喜半荫略湿润之地；花期 4 ~11 月，花期浇水 2 ~3 次可增加花量。抗旱性中等。

碧桃

先花后叶，早春萌芽前可浇水 1 次；耐旱，不耐水湿。抗旱性较强。

榆叶梅

榆叶梅

春季先开花，后展叶，萌芽前可浇水1次；单瓣野生种较重瓣园艺品种抗旱性强；在轻碱土上能正常生长。抗旱性较强。

郁李

极耐干旱瘠薄，年降雨量550毫米左右生长良好。抗旱性强。

欧李

生于荒山坡或砂丘边，耐干旱瘠薄能力极强，在降水量400毫米的地方生长良好，抗旱性强。

紫荆

又名满条红。叶片大，单位叶面积蒸腾量大；花期需保证水分供给，过于干旱叶片变小。抗旱性中等。

紫穗槐

叶小，具透明油腺点，阻止水分蒸腾；花小果小；侧根发达，萌蘖性强；年降水量200毫米左右的沙漠中能正常生长，500毫米左右生长良好。抗旱性强。

胡枝子

性强健，根系发达，萌蘖性强；自然界平原和低山区野生较多，是保持水土的良好树种。抗旱性强。

杭子梢

性强健，抗逆性强；多野生于山坡、沟谷、灌丛或林缘，降雨量600~700毫米生长良好。抗旱性较强。

沙冬青

叶两面密被银白色柔毛；极耐干旱瘠薄和沙化土壤，在内蒙古自然降雨条件下生长正常。抗旱性强。

小冠花

耐瘠薄，抗逆性、再生力均强；根系发达，覆盖度大；不耐湿。护坡、防治侵蚀和荒漠地被，是保水固土的优良地被植物。抗旱性强。

小叶黄杨

株形紧凑，小枝密集，有柔毛；叶小，厚而有光泽，减少叶表蒸腾；年降雨量600~700毫米生长良好。抗旱性较强。

大叶黄杨

叶革质，厚而有光泽，表面蜡质层厚，水分不易散失；花瓣小；生长期耗水量为371.6毫米。抗旱性较强。

胶东卫矛

叶革质，薄而有光泽；抗逆性强，较耐干旱、瘠薄。抗旱性较强。

木槿

花大且花期长，花期正值夏季，如遇干旱天气应浇水1~2次；较耐干旱瘠薄土壤，萌蘖性强。抗旱性较强。

紫薇

又名百日红。6～9月开花，花期超过100天，花期应保证水分供给；萌蘖性强，根系发达。抗旱性较强。

石榴

有花石榴和果石榴两种。叶片有光泽，减少单位叶面积蒸腾量；为延长花期或保证果实品质，应在早春或6～8月少雨天气时浇水1～2次。抗旱性较强。

红瑞木

叶大，根系分布浅；喜稍湿润环境，北京周边常生于溪流沟边。抗旱性中等。

连翘

花早春先叶开放，早春现蕾和应浇水1～2次；后期遇干旱仍需浇水。抗旱性中等。

金钟花

花早春先叶开放，早春现蕾和花期应浇水1～2次；后期遇干旱仍需浇水。抗旱性中等。

丁香

又名紫丁香。叶片大而薄，单位叶面积年蒸腾量大；生长季需浇水1～2次。抗旱性较强。

金叶女贞

叶片生长季金黄色，叶薄革质；不择土壤，耐修剪，年降雨量600～700毫米地带生长良好。抗旱性较强。

小叶女贞

叶薄革质；耐修剪，年降雨量600～700毫米地带生长良好。抗旱性中等。

迎春

花早春先叶开放，很少结果。对土壤要求不严，根部萌蘖性强；花前需浇水1次。抗旱性较强。

醉鱼草类

丁香

醉鱼草

原生种花紫色，现有不同园艺品种，有粉、白、黄、紫等色；性强健，不耐水湿，园艺品种有“粉趣”、“白丰”、“皇室红”、“南湖紫”、“金球”等，在年降水量700毫米左右的地带生长良好。抗旱性较强。

互叶醉鱼草

对土壤无特殊要求，耐盐碱，不耐积水；在年降雨量500～600毫米的地区不需灌水，过于干旱季节可适当补水。抗旱性强。

荆条

适应性强，极耐干旱瘠薄，常生于山地阳坡上，自然降雨可正常开花、结果。抗旱性强。

金叶莸

叶片生长季金黄色；花期夏秋季节，蓝紫色；极耐盐碱和瘠薄土壤；750毫米左右降雨量地带生长良好。抗旱性较强。

邱园蓝莸

花期夏秋季节，蓝紫色。极耐盐碱和瘠薄土壤，少病虫害；在年降雨量500～600毫米的地区不需灌水。抗旱性强。

锦带花

小枝细弱，有二列短柔毛；叶背中脉有柔毛；对土壤要求不严，能耐干旱瘠薄。抗旱性较强。

金亮锦带

叶片生长季金黄色；习性同锦带花。抗旱性较强。

红王子锦带

小枝和叶片具柔毛；除春季花量较多外，后期有连续开花的特性，要注意水分的补充；降雨量800毫米左右生长良好。抗旱性中等。

猬实

小枝、叶片、花和果实均覆盖绒毛，可有效阻止水分蒸腾；年降雨量450毫米地带生长正常。抗旱性强。

糯米条

7～9月开花，花期长且晚，适时注意花期浇水；适应性强，萌蘖力强。抗旱性较强。

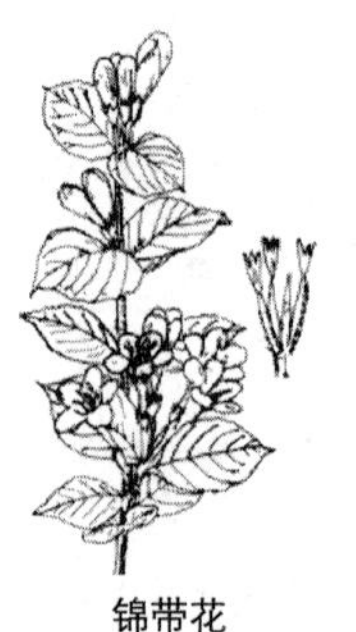
锦带花

金银木

金银木

枝条中空，幼时被柔毛；叶两面疏生柔毛；耐荫，不择土壤，管理粗放，病虫害少。抗旱性较强。

蓝叶忍冬

叶片蓝绿色，两面被柔毛；不择土壤，抗性强，管理粗放，病虫害少。抗旱性较强。

天目琼花

叶片和花朵均较多；自然状态下喜生于夏凉湿润多雾的灌丛中；对空气湿度要求较严，干旱季节需适当补水。抗旱性弱。

◆ 藤本类

紫藤

果实密被茸毛；对城市环境适应性强；主根深，侧根少，不耐移植。抗旱性强。

扶芳藤

叶小，薄革质，单位叶面积蒸腾量少；耐荫性强，对土壤要求不严；攀树、爬墙或匍匐石上均可生长。抗旱性强。

爬山虎

花小；喜荫，对土壤及气候适应性强，荫下环境生长良好，过于干旱时容易出现焦叶现象，应及时浇水。抗旱性较强。

五叶地锦

花小；喜荫，对土壤及气候适应性强，过于干旱时容易出现焦叶现象，应及时浇水。抗旱性较强。

常春藤

叶薄革质；耐荫，幼苗冬季在北京需保护，对土壤和水分要求不严；常攀缘于假山、岩石或墙面作立体绿化；生长期年耗水量为 400 毫米。抗旱性较强。

凌霄

花大果长；花期遇干旱需浇水 1 ~2 次；不耐盐碱，忌积水，萌芽力强。抗旱性较强。

紫藤

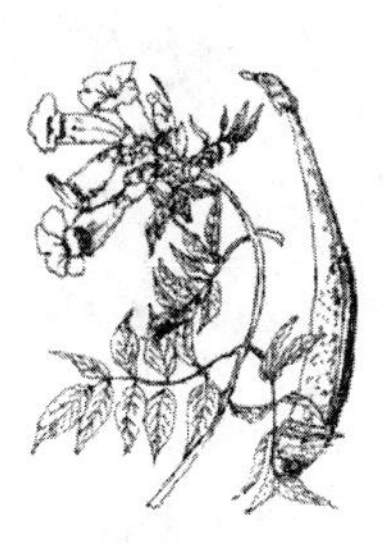
美国凌霄

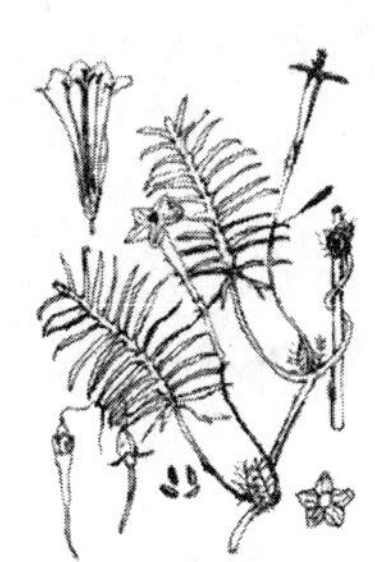
羽叶茑萝

美国凌霄

叶轴及叶背均生白色柔毛；耐盐碱，耐干旱也耐水湿，萌芽力强；攀缘墙垣、枯树或石壁绿化。抗旱性较强。

金银花

茎、叶均被褐色柔毛，有效减少蒸腾；根系发达，萌蘖性强，枝条匍地并生根。抗旱性较强。

羽叶茑萝

叶片薄，根系浅；对土壤要求不严；生长期和开花期需浇水2 ~3 次。抗旱性中等。

牵牛花

花期6 ~9 月，花朵大；多生长宅园、路旁或荒坡上，花期应注意浇水，过于干旱影响花期和花量。抗旱性较强。

山荞麦

生长旺盛，夏季开花，花量多；花期注意水分供给，否则影响花量。抗旱性中等。

◆ **草坪与地被类**

野牛草

多长于干旱地带，除定植时及时浇水外，定植后不浇水也能生存，是粗放管理、无灌溉设施之地的优良地被。抗旱性强。

结缕草

抗旱，耐寒，耐荫；枝叶密集，较耐践踏，适应性强，为良好的固土植物。抗旱性强。

崂峪苔草

耐荫性强，能有效保持水土，耐瘠薄，无病虫害，适于粗放管理；年降雨量700 毫米的地带无需灌溉。抗旱性较强。

青绿苔草

耐荫，耐旱，无病虫害，适于粗放管理。是阴湿处的优良护坡地被植物；北京种植浇水1 ~2 次即可。抗旱性较强。

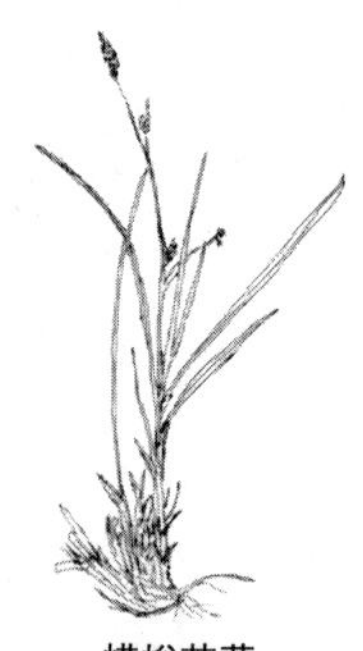

崂峪苔草

青绿苔草

匍枝毛茛

鹅绒萎蒌菜

匍枝毛茛

花黄色，有光泽；生长迅速，生长期内对水分要求严格，夏季干旱季节有倒伏现象，因此花期应保证水分充足，后期仍需视天气情况浇水，才能保证迅速覆盖地面。抗旱性弱。

麦冬

抗旱，抗寒，较耐荫。乔木下种植每年浇返春水和冻水即可正常生长。抗旱性较强。

鹅绒萎陵菜

花黄色，花期4~9月；多生于田边湿地、沼泽旁及河滩沙地上，耐瘠薄，生长速度快；生长期根据其对水分的要求浇水2~3次。抗旱性中等。

匍匐委陵菜

对光照、土壤、水肥等要求不严格，生长迅速；除浇返春水和冻水外，生长期视天气情况浇水1次。抗旱性中等。

蛇莓

对土壤适应性强，喜半阴半阳或偏阴的生活环境，多野生于山沟阴湿地、河岸边；具一定抗旱性，管理简便粗放，可结合抗旱每年浇水2~3次。抗旱性中等。

连钱草

又名活血丹。耐荫性极强，植株低矮，生长迅速，覆盖力强。生长期浇水2~3次可保证枝叶茂盛，花量大，覆盖效果好。抗旱性中等。

白三叶

叶片薄，花量多，花期正值春末夏初少雨季节；喜湿润气候，不耐高温和干旱。可作地被大量应用，但抗旱性不强，夏季高温少雨季节应注意浇水。抗旱性弱。

◆ 宿根花卉类

黄花矶松

叶灰绿色，细小，倒披针形；极耐干旱盐碱土壤，不耐水湿，年降雨量600毫米不需浇水可保证生长良好。抗旱性强。

鸢尾

马蔺

鸢尾类

喜排水良好而适度湿润、含石灰质的碱性壤土，喜阳光充足，抗性强；生长期或花期遇干旱可浇水1~2次。抗旱性较强。

马蔺

叶线形，表面似有蜡质层，蒸腾小，叶片作插花切叶7天不萎蔫；适应性极强，耐干旱，也耐水湿；抗旱性强。

玉簪

萱草类

叶线形，较长，花大色艳；过于干旱地带一般生长发育不良，开花小而少，因此，生长期应浇水2次，雨季注意排水。抗旱性较强。

玉簪

叶大，花多；忌强光日光照射，喜湿润而排水良好的沙质土壤；注意阴下种植，并在生长期浇水2~3次。抗旱性中等。

紫萼

叶大质薄，花多；性喜阴，耐寒、喜湿，稍耐旱，生长期需浇水2~3次。抗旱性中等。

千屈菜

地下根粗壮；喜水湿，但也极耐干旱瘠薄，旱生种植无需灌溉生长良好。抗旱性强。

甘野菊

耐旱、耐瘠薄，耐荫，适应性强，管理相对粗放；北京郊边野生较多，适于山坡绿化、公路护坡、河堤种植，可防止水土流失。抗旱性强。

小红菊

全部茎枝有稀疏的毛，花期晚；耐旱，喜光，耐瘠薄，年降雨量550毫米地带生长良好。抗旱性强。

一枝黄花

全株具粗毛，叶表面粗糙；根系发达，须根多；喜凉爽，向阳、干燥的环境，耐瘠薄。抗旱性强。

波斯菊

耐干旱瘠薄土壤，肥水过多往往茎叶徒长而开花少，且易倒伏。抗旱性强。

蛇鞭菊

喜适当湿润土壤，花序长，蕾期或花期需浇水2次，保证观花效果好。抗旱性较强。

蓍

耐寒耐旱，适应性强；对土壤要求不严，日照充足或半阴地均可生长；北京露地种植需浇水2次。抗旱性较强。

高山蓍

茎密生白色长柔毛；耐寒、耐旱，适应性强；绿期长，覆地效果好，为延长花期和绿期可在后期浇水1~2次。抗旱性较强。

大花金鸡菊

花期6~9月，较长；性喜光，耐寒，耐旱、耐瘠薄；适应性强，种子有自播的能力。抗旱性强。

紫松果菊

花期长，切花水养持久；适宜布置野生花卉园或管理粗放的开阔地带。

抗旱性较强。

宿根天人菊

耐热，抗旱，耐瘠薄土壤；栽培管理简易，是陡坡和水土保持的好材料。抗旱性强。

荷兰菊

花期晚，9～10 月，此期遇干旱天气应注意浇水，保证花繁叶茂。抗旱性较强。

大花金鸡菊

宿根天人菊

石竹

不耐酷暑，喜干燥、通风环境；早春、花期应注意浇水，雨季及时排水，积水过多容易烂根和生病。抗旱性中等。

肥皂草

又名石碱花。耐寒、耐旱，不择土壤，适应性强；干燥和湿润地带依靠自然降雨均生长繁茂。抗旱性强。

桔梗

花期长，茎秆细弱，干旱季节长期不浇水容易萎蔫、倒伏；性喜气候凉爽、阳光充足、侧方蔽荫的湿润环境，自然界多生于沟旁或草丛间湿润处；生长期和花期注意及时灌溉。抗旱性弱。

月见草

耐旱，耐瘠薄，忌积水和炎热天气，抽薹开花需要一定的低温刺激；降雨量 800 毫米地带生长良好。抗旱性中等。

蜀葵

极耐干旱瘠薄土壤；北京自然种植下生长季节无需浇水，依靠自然降雨可达到花繁叶茂。抗旱性强。

秋葵

花单瓣，单朵花期短，总体花期长达 3 个月；对土壤要求不严，石灰质土壤上生长良好；花期应浇水 1～2 次，否则会缩短总花期时间。抗旱性较强。

芍药

春季开花，花大，叶繁；花期正值少雨季节，且需水肥都较大，因此注意适时浇水；根肉质，不耐积水，雨季注意排水；花后生长季节仍需精细管理，保证翌年良好生长。抗旱性弱。

大叶铁线莲

叶大且多；耐旱，耐半荫，耐寒性强；生长过程中既要注意排水，又要保持土壤湿润；除浇春水和冻水外，还要在花期浇水 1 次。抗旱性中等。

黄芩

根状茎较肥厚，肉质，能依靠肥厚根抗短期干旱；叶下面密被下陷的腺点；自然界多分布于向阳山坡、荒地上。抗旱性强。

蜀葵

并头黄芩

常生于草地或湿草甸上，喜向阳、湿润的环境，也较耐旱。抗旱性较强。

京黄芩

自然界常生于石坡、湿谷或林下，也能耐干旱；北京山区自然降雨条件下正常生长。抗旱性较强。

假龙头

性较耐寒，喜疏松、肥沃、排水良好的砂质壤土。稍耐干旱，宜勤浇水，保证花繁叶茂。抗旱性中等。

荆芥

枝条被白色短柔毛，叶两面被短柔毛，花小；性喜阳光充足，排灌条件好的土壤环境。抗旱性较强。

蓝花棘豆

叶小，两面有柔毛；极耐干旱瘠薄，无需灌溉可保证生长良好。抗旱性强。

百脉根

喜温暖湿润处，多野生于山坡草地的湿润处，在瘠薄及排水不良处也能生长，但长势稍差。抗旱性弱。

长尾婆婆纳

性喜阳，耐寒，也能耐半阴，耐旱，不择土壤；北京种植每年需在较长花期内浇水1～2次。抗旱性较强。

宿根福禄考

又名锥花福禄考。花期长，花冠大；性强健，耐寒，忌烈日，较耐旱，不耐涝，花期正值雨季，应注意排水。抗旱性强。

垂盆草

肉质低矮，匍匐生根，茎叶均肉质，能抵御干旱天气；耐热、耐干旱性都较强，自然界多生长于岩石上或石缝内；景天类植物均适宜种植在浇水困难的屋顶上。抗旱性强。

景天

叶肉质平展，光滑，花瓣小；性喜向阳，耐寒耐旱，不择土壤，怕雨涝水积。抗旱性强。

八宝

地下茎肉质肥厚，稍木质化；叶肉质而扁平；不择土壤，可生于岩石上或石缝间。抗旱性强。

长药景天

叶肉质，花瓣小；耐旱，对土壤要求不严。抗旱性强。

三七景天

根状茎粗，近木质化；喜阳光及干燥通风处。抗旱性强。

费菜

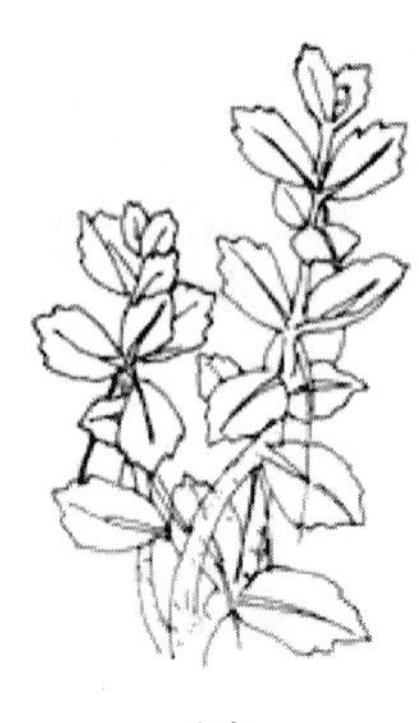

八宝

根状茎粗而木质，叶肉质；不择土壤，自然降雨可使其生长良好。抗旱性强。

佛甲草

茎枝肉质，叶小而密；耐旱、耐瘠性强。适宜种植在浇水困难的屋顶上。抗旱性强。

圆叶景天

花瓣黄色或白色，花期4~6月；只要栽培在向阳、偏干的地方，就能茂盛生长；抗寒性强，无病虫害。抗旱性强。

凹叶景天

地下茎平卧，上部茎直立；小花多数，花瓣黄色，花期6~8月。耐旱性强，喜光照，也耐荫，耐寒性极强。抗旱性强。

◆ 观赏草类

须芒草

在干旱地区生长良好，最高可耐9个月的旱季，不择土壤；有试验数据得出其生长期年耗水量为445.9毫米。抗旱性强。

蓝羊茅

叶片狭窄，色泽从银白到蓝灰，影响光合作用；中性或弱酸性疏松土壤长势最好，稍耐盐碱；除浇返春水和冻水外，在持续干旱时应浇水1~2次。抗旱性弱。

狼尾草

野生种较多，无花瓣；喜光、耐高温，耐旱性、耐寒性强；有试验数据得出其生长期年耗水量为432.3毫米。抗旱性强。

拂子茅

抗盐碱，耐长时间炎热；生长期年耗水量为449.9毫米。抗旱性强。

长芒草

源自中国野生种，喜光，耐寒、耐贫瘠、耐旱性都较强。抗旱性较强。

银边草

叶片边缘具黄白色条纹，光合作用减弱；适宜疏松稍湿润土壤。抗旱性中等。

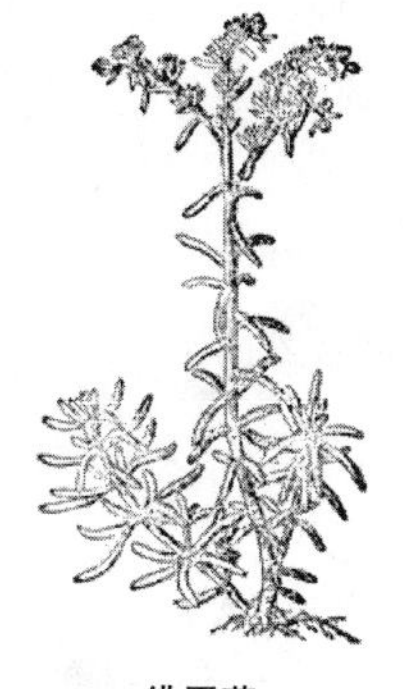

佛甲草

狼尾草

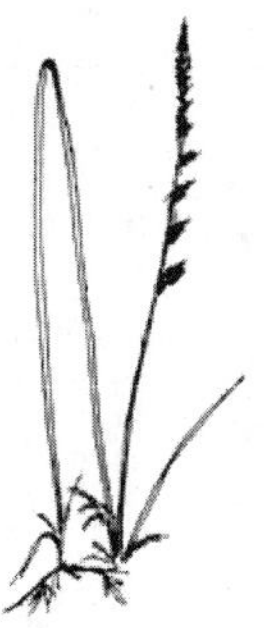

拂子茅

结　　语

为了解决城市缺水这个世界性问题，我国提出，城市节水的方针为“节水为先，治污为本，多渠道开源”。国家还提出要求：今后我国城市特别是大城市新增用水需求中的相当数量要靠节水来解决。

我国对城市节约用水工作的认识，是伴随着城市供需矛盾的不断加剧而不断深化的。节约用水已从当初简单的减量发展到现在的循环理念。强化城市节水工作，要统筹运用行政、法规、经济、技术等手段，多方努力，共同促进。

大力开展节能减排工作，建设资源节约型、环境友好型社会是我国当前城市建设的发展方向，节约用水更是我国一项具有战略意义的长期方针。城市节水，方兴未艾。

尊敬的读者：

感谢您选购我社图书！建工版图书按图书销售分类在卖场上架，共设22个一级分类及43个二级分类，根据图书销售分类选购建筑类图书会节省您的大量时间。现将建工版图书销售分类及与我社联系方式介绍给您，欢迎随时与我们联系。

★建工版图书销售分类表（详见下表）。

★欢迎登陆中国建筑工业出版社网站www.cabp.com.cn，本网站为您提供建工版图书信息查询，网上留言、购书服务，并邀请您加入网上读者俱乐部。

★中国建筑工业出版社总编室　电　话：010—58934845

传　真：010—68321361

★中国建筑工业出版社发行部　电　话：010—58933865

传　真：010—68325420

E-mail：hbw@cabp.com.cn

建工版图书销售分类表

一级分类名称（代码）	二级分类名称（代码）	一级分类名称（代码）	二级分类名称（代码）
建筑学（A）	建筑历史与理论（A10）	园林景观（G）	园林史与园林景观理论（G10）
	建筑设计（A20）		园林景观规划与设计（G20）
	建筑技术（A30）		环境艺术设计（G30）
	建筑表现・建筑制图（A40）		园林景观施工（G40）
	建筑艺术（A50）		园林植物与应用（G50）
建筑设备・建筑材料（F）	暖通空调（F10）	城乡建设・市政工程・环境工程（B）	城镇与乡（村）建设（B10）
	建筑给水排水（F20）		道路桥梁工程（B20）
	建筑电气与建筑智能化技术（F30）		市政给水排水工程（B30）
	建筑节能・建筑防火（F40）		市政供热、供燃气工程（B40）
	建筑材料（F50）		环境工程（B50）
城市规划・城市设计（P）	城市史与城市规划理论（P10）	建筑结构与岩土工程（S）	建筑结构（S10）
	城市规划与城市设计（P20）		岩土工程（S20）
室内设计・装饰装修（D）	室内设计与表现（D10）	建筑施工・设备安装技术（C）	施工技术（C10）
	家具与装饰（D20）		设备安装技术（C20）
	装修材料与施工（D30）		工程质量与安全（C30）
建筑工程经济与管理（M）	施工管理（M10）	房地产开发管理（E）	房地产开发与经营（E10）
	工程管理（M20）		物业管理（E20）
	工程监理（M30）	辞典・连续出版物（Z）	辞典（Z10）
	工程经济与造价（M40）		连续出版物（Z20）
艺术・设计（K）	艺术（K10）	旅游・其他（Q）	旅游（Q10）
	工业设计（K20）		其他（Q20）
	平面设计（K30）	土木建筑计算机应用系列（J）	
执业资格考试用书（R）		法律法规与标准规范单行本（T）	
高校教材（V）		法律法规与标准规范汇编/大全（U）	
高职高专教材（X）		培训教材（Y）	
中职中专教材（W）		电子出版物（H）	

注：建工版图书销售分类已标注于图书封底。